花礼中的多肉组合

初舍 文小彦 / 主编

中国农业出版社
北京

图书在版编目（CIP）数据

花礼中的多肉组合 / 初舍，文小彦主编. -- 北京 ：中国农业出版社，2019.8
（园艺·家）
ISBN 978-7-109-25161-8

Ⅰ. ①花… Ⅱ. ①初… ②文… Ⅲ. ①多浆植物－观赏园艺 Ⅳ. ①S682.33

中国版本图书馆CIP数据核字(2019)第018400号

花礼中的多肉组合
HUALI ZHONG DE DUOROU ZUHE

中国农业出版社出版
地址：北京市朝阳区麦子店街18号楼
邮编：100125
策划编辑：黄　曦　　责任编辑：黄　曦
印刷：北京中科印刷有限公司
版次：2019年8月第1版
印次：2019年8月北京第1次印刷
发行：新华书店北京发行所
开本：710mm×1000mm　1/16
印张：16
字数：280千字
定价：76.00元

CONTENTS 目录

Chapter 1 多肉拼盘：我想把你吃掉

Chapter 2 多肉花环：挂着就美丽

Chapter 3
多肉相框：
富有装饰感的植物艺术

Chapter 4
多肉新娘花束：
给你一场独一无二的婚礼

Chapter 5
多肉伴手礼：
很萌很清新的心意

Chapter 6
多肉花儿处处开：
花儿比叶儿更惊艳

Chapter *1*
多肉拼盘：我想把你吃掉

创意玩“肉肉”，混栽有讲究

多肉植物又称多浆植物、肉质植物，因其可爱的肉肉模样和充满诗意的名字而深受当下植物爱好者的青睐。对于“多肉控”来说，将多肉植物养得茁壮又漂亮已不是什么难事，玩组合玩创意正在流行。例如将不同的多肉混栽在漂亮容器里的多肉拼盘，用来装点家居生活，清新又美丽。这种混栽看似简单，其实大有讲究。

多肉组合要点1.摸清多肉植物的“脾性”

养多肉植物和养宠物类似，我们先要摸清它们的“脾性”，虽然很多“肉肉”长得差不多，但养护方法却完全不同。一般来说，多肉植物可分为冬种型和夏种型，常见的景天科、番杏科、百合科大多属于冬种型，仙人掌科、大戟科则属于夏种型。

多肉组合要点2.选择同类多肉植物混合栽种

在为多肉植物组合拼盘时，应尽量选择同类型的品种。因为冬种型多肉植物的最佳生长温度为10～20℃，低于5℃或高于30℃就会休眠，休眠期需要断水，而这时夏种型多肉植物却处于生长期。如果将这两种多肉植物混栽在同一个花器里，浇水过多，处于休眠期的冬种型“肉肉”就会溺水而亡；浇水过少，处于生长期的夏种型“肉肉”就会口渴而死。

当然，也有不少“肉肉”会随着环境的迁徙而改变自身的习性，但为了保险起见以及方便养护，最好还是选择同类型的多肉植物混合栽种。

多肉组合要点3.多肉搭配要错落有致

多肉植物之间的组合，除了看类型，还要看外观。常见的多肉植物可分为柱状与花状，青锁龙属的大多是柱状植物，莲花掌属、长生草属、厚叶草属等则大多是花状植物。

在将它们搭配造景时，要做到错落有致，不妨参照插花时运用到的高、中、低和低、高、低两种不同的错落原则。如果将柱状多肉植物作为主景，就不要摆在花器的正中间，而应栽种在靠左或者靠右2/3的位置。若摆放得太过对称，则无法将多肉植株的风韵凸显出来。

多肉组合要点4.栽种的疏密程度并非那么重要

很多多肉植物爱好者在初次拼盘时会纠结于栽种的疏密程度。其实种得稀疏或密集并没有太大区别，只是密集型拼盘会显得比较好看，但是多肉植物在后期生长过程中也许会爆盆，这时就需要通过修剪来重新塑形。而稀疏型拼盘虽然前期不耐看，但因给植物留足了生长空间，若养护得当，多肉植物则会生长得更好。

“肉肉达人”一致推荐的土壤配方

喜爱多肉植物的你是不是会经常照看，检查它们的根系？可是有些“肉肉”在你的精心照顾下还是没精打采的，这是为什么呢？其实，这跟土壤有着莫大的关系。要想照顾好这些宝贝，就要为它们“量身定制”合适的土壤。

由于多肉植物大多生长在热带荒漠地区，所以它们需要的应是疏松透气、排水良好的沙质壤土。然而市面上销售的土壤琳琅满目，对于种植新手来说往往很难选择，所以我们有必要先来了解一下种植多肉植物需要的常用植料。我们根据土壤对植株的作用，将其分为有机植料和无机植料两大类。

常见的有机植料

有机植料的主要作用是为多肉植物提供充足的养分。

· 泥炭 ·

泥炭

泥炭又称黑土、草炭，是由灌木或藓类植物残体经数千年腐烂堆积而成，多呈棕黄色或浅褐色。这种土壤质轻、持水、保肥，既是栽培基质，又是良好的土壤调解剂，并含有很高的营养成分。

市面上销售的泥炭土可分为低位泥炭和高位泥炭。低位泥炭由沼泽植物演化而来，含水量大，腐殖质含量也很高，以东北黑泥炭为主要代表。高位泥炭则由苔藓地衣类植物演化而来，其腐殖质含量少，pH略低，以进口泥炭为主要代表。对植物来说，这两种泥炭土各有千秋，但栽培多肉植物还是用高位泥炭更加有利。

腐叶土

· 腐叶土 ·

腐叶土又称腐殖土，是植物枝叶在土壤中经过微生物分解发酵后形成的营养土。其透水通气性能好，保水保肥能力强，而且富含有机质、腐殖酸和少量维生素、生长素、微量元素等。若长期使用，易被植物吸收，不易板结。

砻糠壳

砻糠灰

· 砻糠壳或砻糠灰 ·

这是由稻谷经过砻磨脱下的壳，也能烧制成灰，它不仅能增强沙质土壤的保水力，减少干害，还能使黏质土壤松软，减少湿害，同时可帮助植物根部增加氧气供应。其含肥量虽不多，但吸附力较大，具有吸收毒素的作用。

草木灰

草木灰为植物燃烧后的灰烬，不同植物的灰烬，其养分含量不同，含有钙、镁、硅、硫和铁、锰、铜、锌、硼、钼等微量营养元素，以向日葵秸秆的含钾量为最高。这是一种成本低廉、养分齐全、肥效明显的无机农家肥，因而深受“肉”友们青睐。但是大家在使用时一定要注意控制用量，否则会出现烧苗的现象，而且不宜和其他肥料混合使用。

草木灰

松鳞介质

以松树皮为原材料，经过多道工序精制而成。这种介质优点很多，一是透气性好，非常有利于根系的生长；二是保水、排水效果好，能吸附足够的水分供植物生长发育，同时又不会因积水导致根系腐烂；三是持肥、保肥能力强，能让植物不断吸收和利用。

但是由于这种介质大多是天然采收，里面难免会有些虫卵、草籽以及腐化不完全的其他有机质，这很容易导致害虫和杂菌滋生。所以在使用前一定要进行筛选、暴晒或者高温处理。

松鳞介质

缓释肥

这是一种包膜化肥，即在化肥颗粒表面包一层很薄的疏水物质。它能根据植株需求释放养分，从而达到元素供肥强度与作物生理需求的动态平衡。

缓释肥

常见的无机植料

无机植料主要起通气、保水、透水、固根的作用。

轻石

轻石俗称多孔玄武岩，是火山爆发后由火山玻璃、矿物与气泡形成的多孔形石材，其透气性和透水性较好，可浮于水面，所以又叫浮石。它含有几十种矿物质和微量元素，无辐射且具有远红外磁波，因而常被用作配土和铺面。

赤玉土

赤玉土由火山灰堆积而成，是日本运用最广泛的一种土壤介质。其形状为圆形，没有有害细菌，非常有利于蓄水和排水，而且营造的环境与多肉植物生长的贫瘠环境类似，因而很适合多肉植物生长。但是单独使用并不能满足多肉植物生长所需的全部营养和微量元素，所以一般还要与其他介质混合。当然，用煤球渣和粗沙等也可以营造出同样的生长环境，但如果追求美观，建议使用赤玉土。

绿沸石

绿沸石是一种含水的铝硅酸盐类矿物，具有很强的吸附性，能减轻花盆中的异味，同时也可以用来改良土壤，它的多孔隙特点有助于各种营养成分的交换。

· 日向石 ·

日向石又名日向土，是一种火山浮石，因其分布在日本日向市一带而得名。日向石和其他栽培用土混合可提高介质的排水性，而且不容易粉碎，特别适合无需换盆的植物品种，也可以用作盆栽植物的表面装饰土。

· 鹿沼土 ·

这是一种由下层火山土生成的呈酸性的火山沙，其蓄水力和通气性都很好，可与泥炭、腐叶土、赤玉土等其他介质混用，尤其适合用来种忌湿、耐瘠薄的植物。

· 麦饭石 ·

麦饭石属于火山岩类，由火山喷发出的熔岩经地壳变动作用而形成。麦饭石能有效地改善土质，保护环境，所以比其他土壤改良剂更有优势。很多“多肉达人”喜欢用它来铺面，这样浇水的时候就能让麦饭石中的微量元素渗透进土壤，利于植株多多吸收，从而长得更加茁壮。

· 硅藻土 ·

用古代矽藻化石研制而成，其表面的微结构对多种昆虫以及其他软体动物、线虫有杀伤和抑制作用，而且安全无毒害。硅藻土具有很好的保湿、透气、隔热作用，适合施入盆栽介质中或者植物根部周围，也可溶于水中喷洒。

· 椰糠 ·

用椰子的棕壳加工而成，其保温保湿、通风透气，是国际上最为流行的无土栽培基质。市面上销售的椰糠又叫“膨胀土”，一般经压缩处理后呈小块状，在使用时需要用水浸开。此外，椰糠是很多“多肉达人”的最爱，因为它不易腐败，换盆时也不必更新材料，还能和其他基质混合使用。

· 蛭石 ·

蛭石是一种云母状物质，由硅酸盐材料经高温加热后形成。其在加热过程中会迅速膨胀，膨胀后的体积相当于原来体积的8～20倍，从而使它增加了通气孔隙和保水能力。但是蛭石易碎，时间一长就会变成粉末，所以一般只作为幼苗、弱苗期的复壮或叶插发根时的临时基质。

蛭石

珍珠岩

这是一种玻璃质岩石，由火山喷发的酸性熔岩经急剧冷却而成，因其有着珍珠裂隙而得名。珍珠岩的透水性和透气性都很好，若在黏土中加入同等分的珍珠岩，可使根系能够接触到足够的氧气供予呼吸。对于多肉爱好者来说，将珍珠岩当做叶插繁殖的专用基质是再好不过了。

珍珠岩

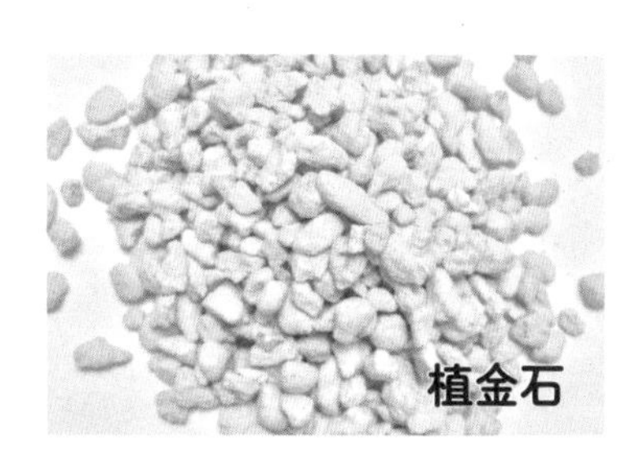
植金石

植金石

植金石是一种火山石，经过250° 高温杀菌后运用高科技技术加工而成。其表面光滑、色泽蜡黄、结构坚实，并具备体轻、排水、保湿、透气性俱佳的优质特性，与漂亮的多肉植株配合，能产生相得益彰的观赏效果。

水苔

由生长在潮湿地的苔鲜类植物经过干燥后制成。它的透气性、保水性极佳，还能固定好极小花器里的极小植物，也不会像土一样到处撒漏，所以常被肉友们用作镂空花器，如竹篮、铁艺花篮等的填充植料。

水苔

· 粗细沙 ·

这是一种由80%以上的沙和20%以下的黏土混合而成的土壤。这种土壤土质疏松，透水、透气性好，但保水、保肥能力差，通常可用来发根，与蛭石相比会更透气，且不会烂根。

· 煤球渣 ·

蜂窝煤燃烧后的产物，经过碾压后出现大小不同的煤渣，可与其他土壤配合使用或者选用较大块状作为铺底，能起到吸水保湿的效果。

有针对性地配土很重要

介绍完这些常见的栽培基质，我们就要准备配土了。其实无论哪种配方都要满足植物的基本要求，且要根据不同情况有针对性地来配制。

· 根据不同地区来配制 ·

居住地区不同，栽培用土就会不同。比如北方气候干燥，对土壤的保湿能力就有一定要求；而南方雨水充沛，空气湿度高，对土壤的排水性和通气性则要求更高。

根据栽培场地来配制

地栽和盆栽的土壤也要有所不同，地栽要多考虑排水环节，在配制上应增加些透水、排水的基质，比如沙砾；而盆栽就要考虑在保证疏松透气的原则上适当补充有机质含量。如果是在南面阳台上栽植多肉，就要想到这里光照充足，比较干燥，那么在土壤配制上可适当加些保水性强的基质，如蛭石、椰糠。

根据不同的品种来配制

针对不同的植物品种，在土壤配制上可谓“大相径庭”，如一些附生类的多肉品种需要一定的腐殖质，而一些原产地土壤贫瘠且根系不发达的品种对腐殖质的要求就没那么高。

其实不光是不同科的品种对土壤的需求存在差异，就连同科不同属中的品种对土壤的要求也是不一样的。比如百合科中的芦荟和卧牛，前者生长快，习性强健，可在盆底加上充足的基肥；而后者生长缓慢，基本上不需要基肥。

根据不同生长阶段来配制

多肉植物在幼苗期通常根系都不发达，对有机质的要求也不高，这时配土应以轻质材料和一些细沙为主。待植株长大后，可慢慢增加有机质含量。

“肉肉达人”的配土秘方

根据一些“肉肉达人”的总结，为大家提供几个配土秘方以供参考吧！

·叶多肉植物·

珍珠岩3份、泥炭或腐叶土2份、草木灰0.5份。

·茎多肉植物和粗秆类多肉植物·

珍珠岩4份、泥炭或腐叶土2份、砻糠灰0.5份，另可适当添加少许自制的骨粉、蛋壳粉等石灰质材料。

·高地性和生长缓慢的小型球类、茎秆类多肉植物·

珍珠岩4份、泥炭或腐叶土2份、砻糠灰0.5份、小粒日向石0.5份、骨粉或蛋壳粉0.4份。

·番杏科生石花和肉锥花类等非常肉质的小型种·

粗沙5份、泥炭或腐叶土1份。

·注意事项·

以上培养土都要混合后加入一定量的基肥，配好后必须消毒。土壤消毒常用方法有：蒸汽消毒、药物处理和阳光暴晒。家庭栽培使用阳光暴晒法比较方便，即在夏季阳光强烈时，将配制好的盆土碾碎，薄薄地摊平在水泥板或铁板上，暴晒4～10天，不时翻动土壤，可将大多数虫卵和病菌杀死。

为多肉植物安个温暖舒适的家

从花店里买回多肉植物，随便找个盆种上，兴许也能种活，但植物本身的风采却大打折扣，若换个合适的花盆，效果立刻就不同了。其实这些花盆就像“肉肉”的家，只有在温暖舒适的环境中，“肉肉们”才能“容光焕发”。那么如何选择适合多肉植物的花盆呢？可以从几个方面做起。

关于花盆的大小

首先，大部分多肉植物形态娇小，因此可以选择和其大小相称的花盆，如今流行迷你风，萌态可掬的多肉植物配上精致小巧的花盆，相得益彰。其次，多肉植物的根系并不发达，若土壤过多，水分一时蒸腾不了，就容易导致腐烂。所以应秉持“宁小勿大，宁浅勿深”的原则选盆。

此外，不同的多肉植物需要搭配不同的花盆。比如个子高的植株要用稍微深一点的盆，个子不高且根系不发达的植株用浅点的敞口盆即可；对一些球茎类多肉来说，选盆则可以选择盆径略大于球径一两厘米的，这样有利于植株的自然生长。

关于花盆的材质

市面上所售的花盆琳琅满目，不仅有瓦盆、陶盆、瓷盆、塑料盆，还有紫砂盆、木盆等等，其实耐旱的多肉植物几乎适合任何材质的花盆，不过想要将多肉植物养好，就需要针对不同的花盆做好一系列准备工作。

瓦盆

瓦盆又叫泥盆或素烧盆，其最大的优点是价格便宜且十分透气。质量好的瓦盆有光泽且敲起来声音清脆。但因为瓦盆太透气，所以在烈日暴晒之下，盆沿的土壤很容易变干，从而使植物根系受到伤害。不过现在有些素烧盆工艺精进了不少，变得不那么透气了，很适合用来种植一些小型多肉植物。

陶盆

红陶盆的透气性和瓦盆的差不多，一旦盆过小，就变得保水能力不强，很容易就干透了。不过市面上出现了很多彩陶盆，样子可爱，而且没有红陶盆那么透气，因而成了不错的选择。

瓷盆

瓷盆虽然漂亮，但要注意解决它的透气问题。若选择小型瓷盆，可做个透气罩，即将一个塑料瓶盖周身打孔，然后扣在漏水孔上，记得在口沿处都要剪上缺口。这个办法可以有效增加透气面积，对栽培多肉植物是个十分重要的措施。

塑料盆

塑料盆和瓷盆一样，透气性也不好，要想解决这个问题，可以先在纸上画个图案，然后贴在盆体下部，照着图案线条用针密集扎眼，这样既好看又透气。需要注意的是，花盆上部不要扎眼，不然容易漏水。

紫砂盆

紫砂盆的透气性介于瓦盆和瓷盆之间，在购买时需要特别注意盆壁的薄厚，越是薄壁的紫砂盆则透气性越强。中小型紫砂盆也可以采用扣透气罩的办法来增强其透气性。

木盆

木盆的透气性、排水性都比较好，但要注意防腐和生虫，以免影响植物根系的正常生长。平时只要浇水不太多，并常放在阳光下养护，使用起来也不会有太大问题。

关于花盆的透气

所有多肉植物要养精神，都少不了根系的透气，除了盆不宜大、土要疏松以及放在通风环境中外，还要特别注意盆底有没有透气孔。对于没有底孔的漂亮容器，我们可以用手电钻配合玻璃钻头来解决。

具体方法如下：在打孔处浇点水，先斜着钻出一些痕迹，再立正钻（直接立正钻容易打滑），开到大转速略用力向下压，等到快打透了，就控制下力道再减低钻速，打出来的孔口都很平整，瓷盆或玻璃盆也都不会碎。

倘若没有手电钻，还有个更简单的方法：先把你想要打孔的容器放进水里泡一晚或一天，再找来湿毛巾尽量将容器塞满，然后倒扣过来，底下最好放上缓冲物（布或者泡沫），一手拿钉子，一手拿锤子，进行打孔，同时注意控制力道。

如果实在嫌麻烦，也可以在容器底部先放一层排水良好的陶粒、轻石或是煤渣等，每次浇透后倾倒出多余的水即可。

园艺小工具，给予最贴心的爱

俗话说“工欲善其事，必先利其器”，要想种植好多肉植物，就要准备一些园艺小工具，那么到底哪些工具是必备又顺手的呢？让我们来了解一下吧！

尖嘴壶

多肉植物比较耐旱，在休眠期要严格控水，夏季正午和温度降到零下时叶片还不能沾水，所以尖嘴壶是最适合给多肉植物浇水的工具。它有弯角和直角的设计，能有效避免水浇灌到植株上，同时防止水大伤根。唯一的缺点是若养的多肉植物太多，浇水的速度稍慢。

喷水壶

除了尖嘴壶，喷水壶也是不错的浇水工具。植物生长期将水喷洒在叶片上和盆器周围，不仅能清除叶片上的灰尘，还能增加空气湿度。此外，它也可以用来喷药和喷肥。

气吹球

在养多肉植物的过程中，这种气吹球用到的地方也不少。它能吹掉多肉叶片上的灰尘和水珠，尤其是下雨或浇水后残留在叶片的水珠，若不及时吹走，总担心会留下后患，这时气吹球就能大派用场了。

铲耙锹三件套

这是一套多肉玩家必备的种植小工具，外形非常小巧，使用起来也很方便，特别适合用来搅拌栽培土壤，或者在给植物换盆时用来铲土、脱盆、加土等。

铲土器

这是给植物上盆或换盆时常用的工具，能让土壤、基质均匀上盆，也可用其来给表面铺土。在分袋分装干的基质时使用，能避免撒出。这款小工具还可以用家里的细长瓶子来制作，剪成斜口的样子即可，真是既经济又环保！

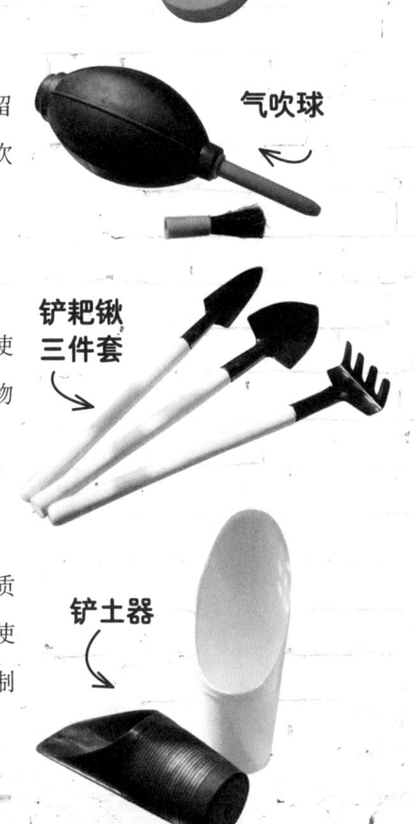

起苗打孔器

育苗盘里的多肉植物幼苗需要移栽，用什么工具移出来是个麻烦事，有了这套小工具，操作起来就简单多了，而且不易伤到小苗。其中尖头的工具用来给土壤打孔，不同形状的是移动幼苗的起苗器。

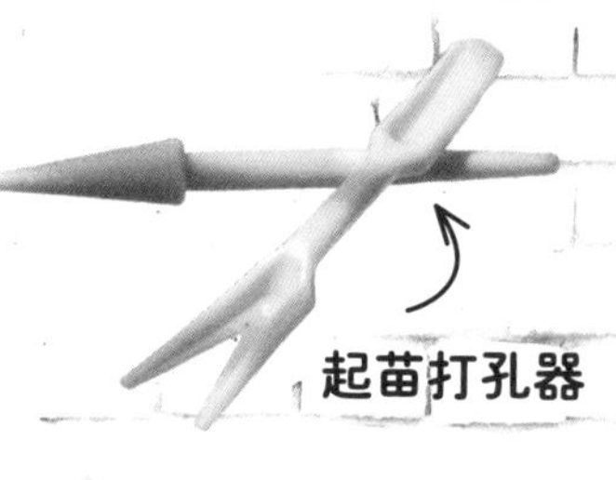

毛刷

小小的毛刷不仅可以刷去多肉植物上的灰尘、土粒、脏物，清除多肉植株上的虫卵等，还能刷走盆边上的浮土。如果没有毛刷，也可以用家里闲置的毛笔来代替。

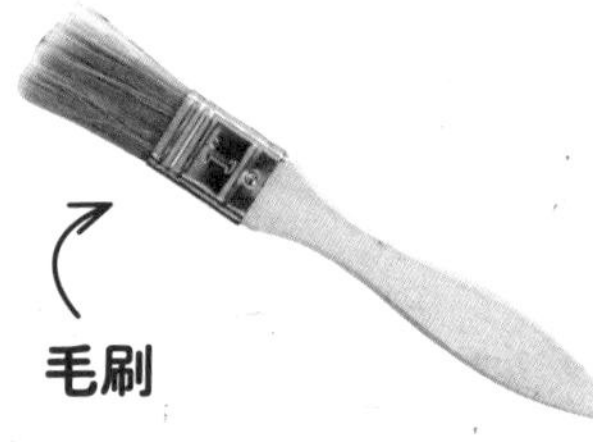

修枝剪

在修根、砍头或分离植株的有病部位时都能用上这种小工具，此外它还能用来剪去多余的叶片给植株造型。如果没有剪刀，也可以用刀片代替，不过一定要消毒后再使用。

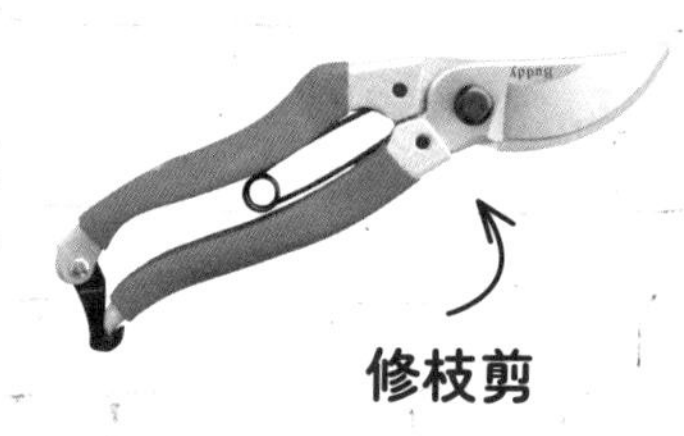

小镊子

这是养多肉植物必不可缺的工具之一。上盆定植时，由于植株较小，用手不好固定，就可以拿镊子轻轻夹住，另一只手放植料。此外，小镊子还能清理枯叶、虫子，以及捡基质用来精细铺面。

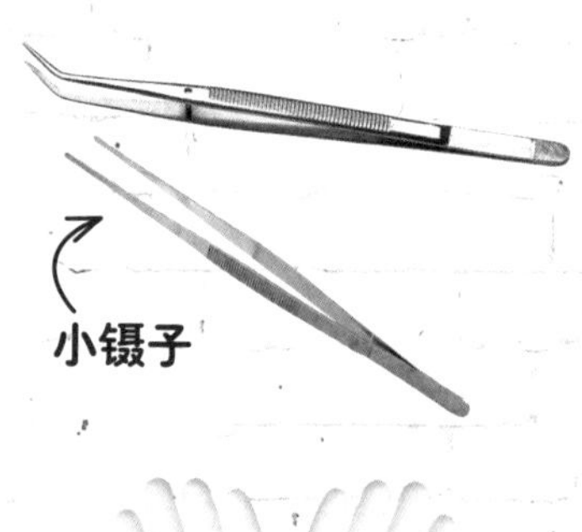

手套

种植多肉植物时戴上手套会更干净、卫生，因为它能避免皮肤直接接触土壤，喷药时也能避免药物喷到手上，配土时还可以把板结的植料捏碎。

遮阳网

夏季休眠期，露养的多肉植物不能在烈日下暴晒，用遮阳网就能对多肉植物起到防晒、降温的作用。若和塑料薄膜配合使用，还可以起到防雨的作用。

复古盒饭君，开启果冻“肉肉”盛宴

爱“肉”之人一旦成了“肉类”养殖大户，就忍不住想把“肉肉们”集合起来玩拼盘游戏，可是怎样玩出创意呢？正好家里的老式铝饭盒一直在角落里闲置着，其实，它也是绝佳花器，只要动动手指把它改造一番，“肉肉们”顿时有了复古范儿十足的家！

品种推荐

西伯利亚、纸风车、奥普琳娜、猎户座、火祭、芙蓉雪莲、灵影、婴儿手指、花月夜、红宝石、水莲、阿尔巴佳人。

材料与工具

1.铝制饭盒。没有这种老式饭盒也可以采用不锈钢饭盒。

2.铲子、镊子和气吹球。这是组合多肉必不可少的工具，铲子用来填土打洞，镊子可夹住多肉植株的根茎，组合完成后可用气吹球吹去多肉叶片上的灰尘或颗粒。

3.营养土和植金石。把微湿的营养土放进饭盒里，注意不要铺得太满，待所有的多肉植物种好后可用植金石填补植株之间的空隙。

组合Step by Step

找出闲置在角落里的铝制饭盒，去掉盒盖并清理干净，然后用铲子填入多肉营养土。

用铲子在饭盒右上方的土壤里挖个手指般粗细的洞，选取一株长势较好的“芙蓉雪莲”小心地种下。

在“芙蓉雪莲”下面和左边依次种上“西伯利亚”和“火祭”，如果怕种植时伤害到叶片，可借助镊子。

在“芙蓉雪莲”和“火祭”旁挖一个小洞，再用镊子小心地夹住“灵影”的根茎处并放入洞中。

在“灵影”下方挖个小洞，然后为“纸风车”定植，组合时要根据空间大小来选取合适的植株。

“灵影”上方还有少许空隙，可挖个小洞，然后用镊子夹住“阿尔巴佳人”的根茎处帮助其定植。

在“阿尔巴佳人”的左边继续打洞，然后选取株型娇小的“双头水莲”进行定植。

在“双头水莲”的左边再挖一个洞，用镊子小心地夹住“花月夜”的根茎处并放入洞中。

“花月夜”的左边还有少许空隙，可选取色彩鲜艳且长有侧芽的“红宝石”进行定植。

“红宝石”的下面再用小铲打个洞，然后将长有漂亮红边的“猎户座”小心种植下去。

由于“猎户座”和“纸风车”之间的空隙并不大，可选取有着修长叶片的“奥普琳娜”进行定植。

最后将“婴儿手指”种植在饭盒中间的空隙处。相邻的多肉最好选用不同的颜色来搭配。

需要注意那些事

1.除了“奥普琳娜（景天科风车石莲属）”“火祭”（景天科青锁龙属）和“婴儿手指”（景天科厚叶草属）外，其他的多肉植物都属于景天科拟石莲花属。这类多肉植物喜欢充沛但不猛烈的阳光，温暖的季节是它们的生长旺季，冬季12℃以下时会暂停生长，在10℃以下时最好移到室内明亮处保温。

2.由于铝制饭盒没有排水孔，为了让根部透气以及防止烂根，可用手电钻在饭盒底部多钻几个小孔，然后再铺上营养土。

3.种好后不要急着浇水，也不要让阳光直射，可放在通风良好且有散射光的环境下养护3～7天，待根系舒缓后浇次透水即可。

“肉肉”小课堂Q&A

Q 朋友送我的多肉植物原本有着很漂亮的果冻色，可是我养着养着叶片颜色就变暗淡了，这是怎么回事？

A 多肉的变色主要由光照和温度所导致。阳光充足时，多肉的叶片颜色会变得很鲜艳，若长期不晒阳光，则叶色暗淡。此外，秋天昼夜温差较大，也能使露养的多肉植物变色，而长期处于室内养护的多肉植物则不易变色。

把春天收藏在木质提篮里

置于窗台的多肉组合盆栽正生机勃勃地生长着，每当你感到疲倦或沮丧时，抬头看见它，心中总会涌上一股莫名的柔情，就像回到了春暖花开的时节，连世间万物都变得明媚可爱起来。

品种推荐

①艾伦②玉蝶③辛普森④苯巴蒂斯⑤红宝石⑥吉娃娃⑦蓝色惊喜⑧雪兔⑨紫罗兰女王。

材料与工具

1.木质提篮。比起那些五颜六色的陶盆或瓷盆，朴素的木质花器更容易衬托多肉漂亮的色泽。

2.颗粒土。可用50%～70%的麦饭石加30%～50%的泥炭、花生壳来配土，这样多肉既能快乐生长，到了秋冬季节还方便控水，且有助于上色。

3.铲子和气吹球。用铲子将颗粒土填满整个木质提篮，待多肉植株固定后，再用气吹球吹去提篮边缘的颗粒尘土。

多肉组合Step by Step

1

准备一个木质提篮，将麦饭石和泥炭混合的颗粒土填入其中。

2

从木质提篮的右下角开始组合，先选取少许“红宝石”进行定植。

3

因为“红宝石”的植株长得比较小巧，可再适当增加一些。

4

在“红宝石”的上方用打孔器打两个小洞，分别种上“苯巴蒂斯”和“吉娃娃”。

5

在“吉娃娃”的左下方打个小洞，将株型娇小的“雪兔”种下去。

6

由于“吉娃娃”上面的空间不大，可再次种上小株型的“红宝石”和“雪兔”。

7

在“吉娃娃”的左边以及左下方继续种上“蓝色惊喜”“红宝石”和“雪兔”。

8

在“蓝色惊喜”的上方再挖几个小洞，种上几株“紫罗兰女王”。

想让整体造型显得更丰满，可以多栽种一些娇小型多肉，如“雪兔”。

借助锥形打孔器在“紫罗兰女王”左边打个小洞，种上漂亮的“辛普森”。

在木质提篮中间的正下方，沿着边缘再次植人“蓝色惊喜”。

将一大簇长成老桩的“艾伦”种在左下角，能为整个组合带来极佳的视觉效果。

最后在“艾伦”上方打个大点的洞，选取大株的“玉蝶”定植。

需要注意那些事

1. 上面介绍的组合，除了艾伦（景天科风车草属）外，其他的多肉植物都属于景天科拟石莲花属。这类多肉植物喜欢干燥的生长环境，夏季可每隔3～4天浇水1次，冬季可每隔7～10天浇水1次。此外，每个月应浇透水1次，即沿盆壁慢慢浇水，直至盆底开始滴水停止。

2. 木质提篮同样没有排水孔，但比铝制饭盒要稍显透气，所以除了用手电钻在底部多钻几个小孔外，也可以用利于根部透气的颗粒土来种植，平时注意控水即可。

3. 深度发酵腐熟的花生壳是不错的有机肥，其肥力持久，能支持多肉植物生长1年以上不用换盆。

“肉肉”小课堂Q&A

Q 组合好的多肉植物作品在后期养护时要注意哪些方面？

A 后期的养护其实并无特殊之处，只要加强观察，提早发现多肉植物的生长隐患即可。当然，也可以根据自己的喜好对盆里的植物进行更换或是修剪。如果需要更换某株多肉，不用把其连根拔除，可以先在靠近根部的位置把植株剪下后重新种植，然后再把根部挖出。

极简素烧盆打造“肉团锦簇”之美

秋意渐浓，多肉植物爱好者们的心思日渐活络，终于又到了可以选“肉”拼盘的美丽时节，捧起一簇簇色彩迷人的多肉植物，哪怕是用最简单的素烧盆来装点，也能打造出别具一格的多肉景观。

品种推荐

蓝宝石、红宝石、山地玫瑰、蒂亚、蓝精灵、蓝色惊喜、白线。

材料与工具

1.素烧盆。颜色单一且质朴的素烧盆更能凸显多肉植物之美。

2.铲子、镊子和毛刷。先用铲子将营养土装进素烧盆，再用镊子在土面上戳出手指粗细的小坑洞，然后把植物放置进去，待拼盘完成后，可用毛刷刷去多肉或盆边上的浮土。

3.营养土和植金石。用植金石填补多肉植物之间的空隙，能让拼盘作品显得更美观。

蓝色惊喜
蒂亚
山地玫瑰
蓝宝石
蓝精灵
白线
红宝石

组合Step by Step

准备一个素烧盆，由于底孔较大，为了防止土壤流失，可在底孔上垫块纱网。

用小铲子将泥炭、蛭石和珍珠岩混合的土壤装进素烧盆中，直至与盆沿大致相齐。

如果在装土过程中撒漏了一些土壤，可用细毛软刷轻轻刷去盆沿或盆壁的浮土。

在素烧盆上方的土壤上打个小洞，先将“白线”种植进去，注意要将根系全部埋入洞中。

紧挨着“白线”，用镊子夹住“蓝精灵”进行定植，小心不要伤害到植株的根系。

紧挨着“蓝精灵”，先打一个小洞，再用镊子夹住“山地玫瑰”的根部进行定植。

选取色泽耀眼的群生“红宝石”，小心地用镊子夹起，定植到整个拼盘的中心处。

再选取一株群生的“蓝宝石”，同样用镊子夹住根部，定植在“红宝石”和“山地玫瑰”旁边。

整个拼盘所剩空间不多了，根据位置选取株型娇小的“蓝色惊喜”，定植在“白线”旁边。

最后选取长势较好的“蒂亚“定植起来，注意相邻多肉植物的颜色，应尽量选择不同的。

为了让整个拼盘作品显得更美观，可用植金石填补多肉植株之间的空隙。

需要注意那些事

1.秋季是玩多肉拼盘的最佳时节，其次是冬季，除非是四季如春的城市，否则应尽量避免在春季组合多肉植物，因为很快便踏入严酷的夏季，夏季是多肉植物的休眠期，所以要最大限度地减少种植动作。

2.这些景天科多肉植物对用土不是特别讲究，可用疏松透气的泥炭+火山岩+河沙按6：3：1的比例进行混合，再掺入少量的杀虫剂和杀菌剂即可。加入杀虫剂能够预防景天植物容易生的根粉蚧，加杀菌剂则可以防止由于植物根部有伤口而引起的腐烂。

“肉肉”小课堂Q&A

Q 为什么我养的多肉叶片变得皱皱的而且没有精神？我以为是因为缺水的原因，但介质却是湿的。

A 这种情况出现，说明这株多肉植物的根系已经溃烂，导致根部无法正常吸水来供给茎、叶部，所以才会显得没精神。这时应将整株多肉植物挖起来并剪除烂根，阴干3～5天后再种在新的介质中，待其长出新根后才可浇水。

恣意绽放的多肉铁艺微花园

俗话说“好马配好鞍”，好“肉”也需配好盆。见惯了中规中矩的种植容器，倒不如留心身边那些看似随意的家常物件，比如用旧的铁艺小桶，搭配上美丽的多肉植物，真是浑然天成又独具匠心。

品种推荐

①蒂亚②蓝精灵③棱镜④草莓冰⑤劳尔⑥秀妍⑦绿爪⑧菲欧娜⑨莎莎女王。

材料与工具

1.铁皮桶。除了铁皮桶，铁艺洒水壶、小铁罐都可以用来当做种植容器。

2.铲子和镊子。铲子用来填土和打洞，镊子可以用来帮助定植。

3.营养土。这些景天科多肉的生长习性极为接近，都适合选用疏松透气的土壤。

组合Step by Step

准备一个复古风格的铁艺小桶，先垫一层陶粒，再装入泥炭、蛭石和珍珠岩混合的土壤。

往铁桶右边的土壤里打一个小洞，把群生的“劳尔”种植下去，然后将根系周围的土壤压实。

在“劳尔”的左边再打一个小洞，将个头稍矮一些的“莎莎女王”种下去。

由于铁皮小桶比较深，可选取株型较高且长有侧枝的“蒂亚”种植在“莎莎女王”的左边。

在“蒂亚”的左下角打一个小洞，选取娇小的“蓝精灵”进行定植，以凸显错落有致的造型。

在“蓝精灵”的右边打个小洞，种上花形饱满的“草莓冰”，然后把根系周围的土壤压实。

在群生“劳尔”的下方挖个小洞，种上色泽极为亮丽的双头“秀妍”。

在“莎莎女王”的下方用铲子挖个洞，将“菲欧娜”的根系小心地放进去。

9

"菲欧娜"的下方还有少许空隙，可选取双头"绿爪"沿着盆壁种下去。

10

最后根据小桶上所剩余的种植空间，选取株型适宜的双头"棱镜"进行定植。

需要注意那些事

1. 由于铁皮桶没有排水孔，要想让植物根部透气，可用手电钻在铁皮桶底部多钻几个小孔，或者在铁皮桶底部铺上一层厚厚的陶粒，这样即使没有排水孔，水分也会很快流到陶粒底部，不会一直堆积在土壤中。

2. 开始组合时要挑选一些体形娇小但根茎和叶片都很结实的多肉植物，定植后可放在室内通风处养护，千万不要放在暖气旁或空调口处，否则容易造成伤害。多肉植株服盆后可露养。

"肉肉"小课堂Q&A

Q 看到别的"肉友"发来晶莹剔透的多肉植物"出浴"照，心动得不得了，于是也把水浇在多肉植物上，但是没过几天发现它们的叶片上就出现了黑斑，这是为什么？

A 这说明"肉肉"被灼伤了，给多肉植物浇水的时候浇土里就好，要注意避开叶片和叶心，如果多肉植物不小心被浇上叶片或叶心，又或者被雨淋到，一定要及时用吹气球把水滴吹掉，或者放在阴凉通风处，否则，在炎热的夏日，太阳一出来，叶片就容易被灼伤，从而出现黑斑。

奇盆趣物，随性混搭的浪漫小景

熬过炎热的仲夏，多肉植物们变得格外喜人，信手拈来几株混搭成景，也是美得不可方物。最让人叫绝的是在陶盆边缘种上垂吊型多肉植物，任其狂野不羁，一泻如瀑，如同生命的喷泉，清风拂来，随风摇曳，更添一番风情。

树冰

粉爪

奶油黄桃

紫玄月

品种推荐

粉爪、奶油黄桃、树冰、紫玄月。

材料与工具

1.粗陶盆。粗陶盆比瓷盆透气，但又没有红陶盆那么透气，这种中庸的透气特性很适合多肉植物生长。

2.铲子、镊子和毛刷。将营养土用铲子铲起填满陶盆，然后用镊子挖几个小洞，待多肉植物定植后，用毛刷刷去上面的浮土。

3.营养土。配土一般可用泥炭、蛭石和珍珠岩的混合土。

组合Step by Step

1

准备一个造型别致的粗陶盆，用小铲子将泥炭、蛭石和珍珠岩混合的土壤装进去。

2

由于粗陶盆的盆口不大，装土时难免会漏撒到盆沿或盆壁上，可用软毛刷轻轻将其刷去。

3

根据粗陶盆的盆口大小来确定所需多肉植物的数量，然后将长势较高的“树冰”定植在盆口最上方。

4

用镊子小心地夹起莲花状的“粉爪”，定植在“树冰”的右下方，打造出高低起伏的景观效果。

5

“粉爪”左侧还有些许空间，可选取群生的“奶油黄桃”沿着盆壁进行定植。

6

为了让整个景观造型显得更加飘逸灵动，可截取一株“紫玄月”种植在“奶油黄桃”旁边。

7

准备透气性较好的植金石。用它铺面不仅能防止浇水时泥炭溅到植物上影响品相，还可以防虫防菌。

8

借助镊子小心地将植金石铺在土面上，除了植金石，还可以用火山石、麦饭石、珍珠岩等铺面。

需要注意那些事

1. 除紫玄月属于菊科多肉植物外，其他品种都属于景天科多肉植物，春秋是它们的生长旺季，应尽量给予充足的光照，浇水要遵循“不干不浇，浇则浇透”的原则，这样叶片会更肥厚，叶色也会变得更美丽。

2. 紫玄月是一种生长非常迅速的吊盆多肉植物，使其垂吊生长会比所有茎干都匍匐在盆土上更利于其度夏，所以待紫玄月长长后，可单独把它们移植到其他的花盆里，或者在春、秋两季剪下一些带着一些叶片的茎干进行扦插，若养护得当，就很容易爆盆。

“肉肉”小课堂Q&A

Q 好不容易盼来秋天，兴冲冲地把多肉植物搬出去露养，结果它们却被晒死了，这是为什么？

A 一直在室内养护的多肉植物突然搬到室外，或者把用了一个夏季的遮阳网突然在晴天撤掉，这都是大忌。露养多肉植物需要一个缓冲的过程，可以选择连续几天都是多云或阴天的时候把一直在室内养护的多肉植物搬出去，给多肉植物一些适应的时间。

散发庭院香气的藤篮物语

很多园艺爱好者喜欢将多肉植物放在密闭的阳台上养护，殊不知“肉肉”们更适合生长在通风的庭院里，往某个角落的桌子上摆一盆茂盛的多肉植物，就像把大自然浓缩在方寸之间，所望之处皆是温暖的绿意。

紫心
红宝石
奥普琳娜
宝莉安娜
凝脂菊
青苹果
雪精灵
苯巴蒂斯
橙梦露

品种推荐

紫心、红宝石、苯巴蒂斯、奥普琳娜、橙梦露、凝脂菊、青苹果、宝莉安娜、雪精灵。

材料与工具

1.竹篮。比起其他的花器，竹篮要透气许多，为了防止水土流失，可在竹篮里面垫一层网纱或者水苔。

2.营养土和植金石。可将植金石拌入营养土中或用来美化多肉植株之间的空隙。

3.铲子和镊子。利用铲子和镊子进行填土和定植。

组合Step by Step

1

准备一个咖啡色竹篮，为防止水土流失，可在竹篮里面垫一层网纱，然后装入多肉种植土。

2

选取一株健康且没有病虫害的“宝莉安娜”，把老化的枝条和过长的根系剪除后植入竹篮右侧。

3

在“宝莉安娜”的左上方打一个小洞，将金黄色的“凝脂菊”沿着竹篮边沿定植。

4

选取长有侧枝且株型娇小的“青苹果”，定植在“宝莉安娜”和“凝脂菊”的左边。

5

用小铲子在“凝脂菊”的左边挖个洞，将“橙梦露”种下去，如果怕定植时伤到叶片，可借助镊子。

6

在“橙梦露”的左边再挖一个稍大的洞，将群生的“紫心”种植起来，然后把根系周围的土壤压实。

7

选取莲花状的“苯巴蒂斯”，摘下底部老化的叶片，小心地定植在“紫心”和“橙梦露”的下方。

8

“苯巴蒂斯”的左边还有少许空间，可选取颜色亮丽且大小适宜的“红宝石”种下去。

在“红宝石”的下方打个小洞，将“奥普琳娜”的根系用镊子夹住，再小心地埋进去。

最后将“雪精灵”和“紫玄月”定植在空隙处，为了让组合作品更为美观，可用植金石铺面。

需要注意那些事

1. 竹篮受潮容易长霉，所以若选用竹篮当花器，平时一定要注意控制浇水量，然后放在通风的环境中养护。

2. 紫玄月属于菊科多肉植物，适合垂吊生长，所以待其长长后再单独移植到垂吊式花器中，在光照充足且温暖的春秋两季进行扦插也很容易成活。

3. 大多数多肉植物每天都需要4～6小时的光照，夏季高温时应避免直射光线，可使用遮阳网或搬到室内养护。

“肉肉”小课堂Q&A

Q 拼盘里的景天科多肉植物由于徒长变得很难看，该怎么办？

A 徒长是因为光照不足所致。可于春秋生长旺季将其挖出“砍头”，待伤口晾干后再进行扦插；“砍头”后的母本应放于通风处，伤口要避免雨淋沾水，然后减少光照，才会有爆头小苗生长。如果不想“砍头”，也可以让其自然生长成为老桩。

彩陶之城里寻找绿野仙踪

多肉植物拼盘对于“肉迷”新手来说杀伤力一向很大，可是面对种类繁多的多肉植物，新手们往往有些无从下手，其实组一盒多肉拼盘没有那么难，只要用心搭配，哪怕是颜色单一的少量品种，也能打造出别样清新的原生态风格，赶快来试一试吧！

材料与工具

1.彩陶盆。原本色彩单一的粗陶盆，在画笔的渲染下，也能变得明艳起来，搭配青翠欲滴、憨态可掬的多肉植物，倒也相得益彰。

2.营养土。可在泥炭土里拌入红色火山石或用红色火山石铺面，这样既美观，又能起到透气、保水的作用。

3.铲子和镊子。先用铲子将营养土填满彩陶盆，再借助镊子进行定植。

品种推荐

①吉娃娃②青丽。

组合Step by Step

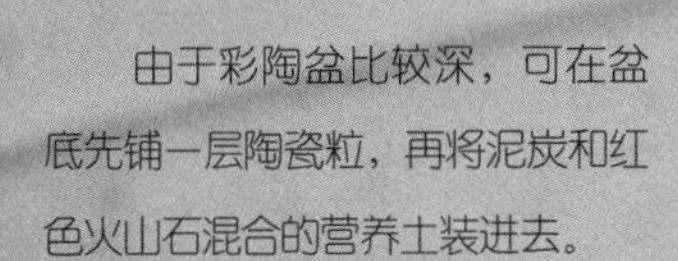

1

由于彩陶盆比较深，可在盆底先铺一层陶瓷粒，再将泥炭和红色火山石混合的营养土装进去。

2

选取株型较大且长势较好的“吉娃娃”，修去过长的根系并摘掉老化的叶片，再植入陶盆上方。

3

在“吉娃娃”的左下角用锥形打孔器打个手指般粗细的洞，然后将一株双头“吉娃娃”定植。

4

在双头“吉娃娃”的右侧借助工具再打一个同样大小的洞，然后将另一株多头“吉娃娃”种下去。

5

三株“吉娃娃”大小一致，组合在一起显得比较协调，只是还有少许空隙，可用小巧的“青丽”来填补。

用小铲子在盆内下方处戳个小洞，然后小心地夹住另一株“青丽”的根系处进行定植。组合时动作要轻柔，注意不要伤到叶片。

最后再选取同样大小的“青丽”定植在空隙处。组合多肉植物不一定要选用很多品种，两个品种的简单几株也能搭配得很清爽。

需要注意那些事

1.这两种多肉同属于景天科，喜欢充足的光照，夏季温度达30℃以上时，需放置在明亮且无直射光处，加强通风，节制浇水，浇水时间可选择晚上。冬季温度低于5℃时，应控制浇水或断水，若温度再低，则要搬进室内向阳处越冬。

2.多肉植物在定植前可进行修根，先清理附着在根上的土，观察有无虫患表现，如有虫患，可用护花神泡之，然后再清除干瘪的过长的根，大概修剪至2～3厘米长即可。

“肉肉”小课堂Q&A

Q 每到夏天就开始犯难，不知道该不该给多肉植物浇水，有人说不浇水，有人说一个月浇一次，结果还没过完夏天多肉植物就阵亡了不少，那么多肉植物炎夏时节该怎样浇水呢?

A 夏季温度一旦超过35℃，多肉植物就会休眠，这时浇水的时机就很重要了。一般非常耐旱的成年植株通常需15～30天浇1次水，时间为晚上8点以后，而且只能沿着盆壁轻浇少许。如果浇到植株上，就容易引起烂心，甚至让植株迅速腐烂。

石窝造景，带来秋的深情问候

外形独特且色彩明艳的多肉植物，最适合搭配有着立体感纹理的做旧陶盆。信手置于漂亮的石桌上，既能展现秋天特有的灵动魅力，又能为阳台或家居角落增添风采。

材料与工具

1.粗陶盆。风格质朴又复古的粗陶盆特别适合用来种植株型娇小的多肉植物。

2.营养土和红色火山石。红色火山石可用来铺面或按1：1~1：2之比例与泥炭混合。

3.铲子和镊子。用铲子将营养土填入陶盆里，待压实后再用镊子小心地夹住多肉进行定植。

品种推荐

①观音莲②白美人③虹之玉。

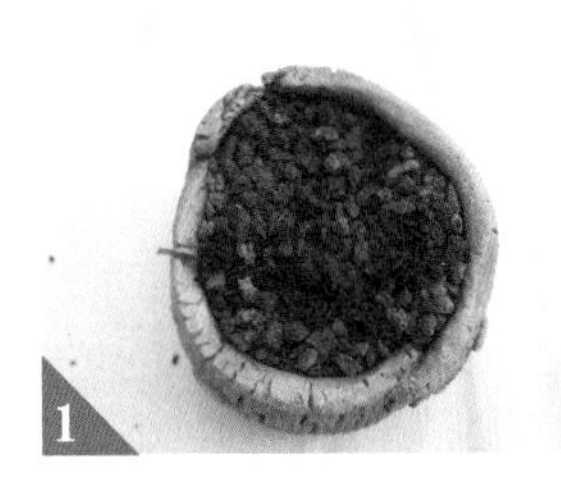

选取一个有着裂纹效果的粗陶盆，将泥炭和红色火山石混合的营养土装进去。

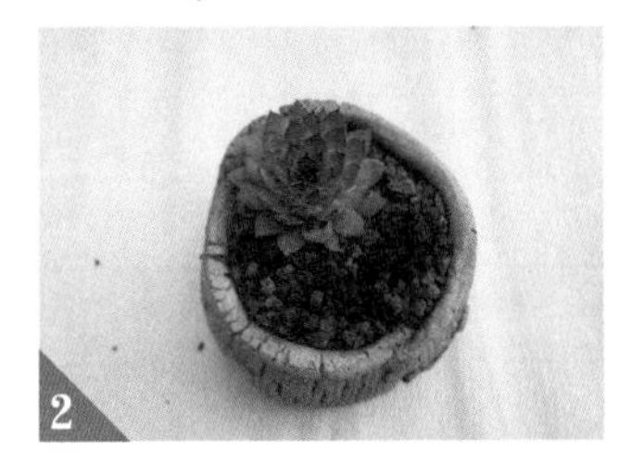

借助锥形打孔器在盆面上方打个洞，将一株长势健康的“观音莲”小心定植。

在“观音莲”的右边再打一个小孔，植入漂亮的“白美人”，注意根据所剩空间选择植株大小。

借助锥形打孔器在盆面下方多打几个小孔，再将几株株型娇小的“虹之玉”进行定植。

若还有空间可继续植入“虹之玉”，“虹之玉”的叶片很容易掉落，定植时要小心。掉落的叶片可另外进行扦插。

需要注意那些事

1. 多肉植物组合后可在表面上铺上透气性较好的介质，除了红色火山石，还可以选用麦饭石、赤玉土、绿沸石等，它们不仅能防止浇水时细土溅到植物上影响品相，还能防虫防菌。

2. 可常年放在室内阳光充足的南窗前或南阳台养护，注意每隔三四天让花盆转个方向，使多肉植物四面都能受到光照。如果放在室外露养，注意避免淋雨，高温天气也不要暴晒。

肉肉小课堂Q&A

Q 家里养的多肉植物最近经常掉叶子，这是怎么回事？

A 有些多肉植物是很容易掉叶子的，比如“虹之玉”，叶子掉下来后放在土壤上生根就可以了，但如果是叶片萎缩脱落，那就要注意了，这可能是由于根部坏死所致，应将植物的根部挖出来，剪去坏死发黑的部分，待晾干后再换盆定植。

搪瓷盆碗中迷人的优雅合植

闪耀着黄金般色彩的秋日阳光，为多肉植物的色调增添了微妙的美感。多肉植物们哪怕是合植在小小的搪瓷碗中，也透着一股优雅成熟的风韵。它们就这样随性摆放着，与微风为邻，与阳光共舞，真是好看极了！

品种推荐

粉蔓、乌木、斯嘉丽、冰莓、神童、雪域蓝巴黎。

材料与工具

1.搪瓷碗。如今复古风盛行，搪瓷碗作为20世纪的旧物，以其质朴、纯真的风格而备受青睐，用来搭配多肉植物也是不错的选择。

2.营养土和植金石。植金石是一种火山石，不仅能拌入营养土中，还可以用来铺面。

3.铲子和镊子。用铲子将营养土装入搪瓷碗内，再用镊子进行定植即可。

组合Step by Step

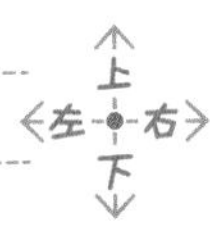

1

准备一个搪瓷碗，可用电钻在碗底打几个小孔，然后装入泥炭、蛭石和珍珠岩混合而成的土壤。

2

使用锥形打孔器在碗面右上方打个手指般粗细的洞，将长势较好的“雪域蓝巴黎”植入其中。

3

在“雪域蓝巴黎”左边继续打个洞，用镊子夹住“神童”的根茎处，小心地放入洞中。

4

选取色泽亮丽且外形娇小的“冰莓”种植在“神童”和“雪域蓝巴黎”左边，注意不要碰伤叶片。

5

选取一株健康的双头“斯嘉丽”，先修去过长的根系和老叶，然后种植在“冰莓”和“雪域蓝巴黎”旁边。

6

搪瓷碗面上剩余的空间不多了，可根据位置选取株型娇小的“乌木”，然后借助镊子进行定植。

7

最后在“乌木”旁边植入一株长势较高且有着侧芽的“粉蔓”，这能起到画龙点睛的作用，使整体造型显得错落有致。

需要注意那些事

1. 搪瓷碗同样没有排水孔，为了防止碗内积水造成烂根，可在每次浇水后用手摁住整个碗里的土，然后把碗倾斜60°，让积水流出来，直到确认没有水再从碗里流出来为止。如果条件允许，最好能用手电钻在搪瓷碗底部打几个小孔。

2. 由于搪瓷碗属于小型花器，所以应挑选直径在4厘米以内的多肉来进行组合，这样会显得比较小巧精致。另外，相邻的多肉颜色要有差异，这样从视觉上来看也会比较美观。

"肉肉"小课堂Q&A

Q 石莲花、雪莲等多肉植物叶片表面通常会长有一层粉，这层粉有什么作用吗？

A 多肉植物叶片表面的粉对于多肉植物来说是有益的，它能抵御强烈的阳光且避免水分积蓄在叶片上。所以，浇水时要注意不要把粉给冲走。另外，要注意的是，因为多肉植物叶片表面的粉一旦失掉是不能再长出来的，冲掉后除了功能上有欠缺，还会影响植物的美观。

Chapter 2

多肉花环：挂着就美丽

让你的“肉肉花园”热闹起来吧

想在你的多肉花园里玩出不一样的创意，不妨先试着将多肉植物养爆盆吧！那么何为爆盆？即多肉生长得非常旺盛，甚至慢慢长满整个花盆，这种拥挤又充实的状态就叫爆盆。但一般来说，这并不是一件容易的事情，不仅要选对多肉植物的品种，还要在繁殖方法上多下工夫。

选对合适的品种很重要

市面上所售的多肉植物品种繁多，其中最容易爆盆的有紫玄月、薄雪万年草、姬秋丽、黄金万年草、姬胧月、佛甲草、小人祭、白牡丹、虹之玉、冬美人、子持莲华、球松、佛珠、情人泪、姬星美人等。

最常使用的爆盆方法

选对合适的品种，并采用正确的繁殖方法，才能事半功倍。

· 无限砍头法 ·

给多肉植物砍头就是将其顶部砍下，而后重新扦插的过程。这样做能让多肉植物停止向上生长，转为向四周伸展。这种状态下，根部的营养也会分散到侧枝部分，于是会长出很多的侧芽。如把砍下的顶部枝条插在装了水的瓶子里，枝条也会生根，然后把生根的枝条移栽到之前的盆里一起生长，这样能达到群生的效果。

需要注意的是，首先多肉植物必须长成老桩，这样砍头的成功率才能大大提高；其次，砍头时最好采用刀片或一次性手术刀操作，才有利于多肉植物砍头之后的伤口恢复；最后，砍头后的切断口一定要在通风的散射光环境下晒干，否则很容易出现晒伤的状况。

· 无限叶插法 ·

要想得到满满一盆的多肉植物，最简单的方法就是叶插法，即将一些多肉植物的叶片放在育苗盘上，等待其生根并长出幼苗，具体实施方法如下：

①将新鲜的多肉植物叶片放入按1克多菌灵加1000毫升的水配好的溶液中浸泡，过10分钟后取出，放在阳光下晒2个小时左右，让切断处愈合，再静置于散射光处4天左右。

在选取多肉植物叶片时，如果刚给多肉浇完水，需要等叶片干了以后再摘，这样才能保持叶片根部干净，从而顺利生根。

②把提前准备好的土平铺在育苗盘里，用喷壶将表层的土喷湿，然后把多肉植物叶片有秩序地排列在土壤上。

叶插后忌强烈阳光，需放在室内或光线较弱的地方，不能浇水，否则叶子还没长出根来就腐烂了。

③等到叶片断口处冒出细小的根后，可在土壤里挖一些浅坑，把新长出来的根埋进坑里，并盖一层薄薄的土，然后适当地浇水并晒晒太阳。

④待多肉植物幼苗长大后就可以换盆种植了。需要注意的是，新叶子长出来后，老叶子会慢慢枯萎，此时不要急着去掉老叶子，要等它自动脱落，否则可能会伤害到新叶子。

关于叶插法还有个技巧：冬天或昼夜温差大的时候叶插容易出多头，而且小叶片也容易出多头并爆侧芽。

色彩这样配，植物魅力加倍

春秋之季，多肉植物渐渐呈现出漂亮的色泽，用它们组成各种不同风格的艺术造型，挂在窗前或墙上，真是一道绝美的风景。在动手制作前，关于多肉植株的色彩搭配则是一项需要掌握的技巧。

不同颜色的多肉植物

多肉植物的主要特色就是观叶，不同的多肉植物有着不同的叶色，针对一些常见的多肉植物品种我们将其根据颜色不同分类如下（这里提到的白色、黑色都是近似色，而非纯白和纯黑）。

白色

白牡丹、特玉莲、鲁氏石莲、霜之朝、白美人

白牡丹

特玉莲

白美人

蓝色

蓝石莲、蓝鸟、蓝松、蓝豆

蓝石莲

蓝鸟

蓝松

绿色

千佛手、姬星美人、薄雪万年草、佛珠、玉缀、绿熊、天使之泪、碧玉莲、白花小松、青星美人

千佛手

玉缀

白花小松

黄色

黄丽、黄金万年草、马库斯、铭月

黄丽

马库斯

铭月

红色

红叶祭、红宝石、姬胧月、塔洛克、虹之玉、红粉佳人、蒂亚、锦晃星、红冬云

虹之玉

红宝石

姬胧月

紫色

紫珍珠、紫雾、紫玄月、菲欧娜、紫牡丹、紫心、露娜莲、晚霞之舞、黛比

晚霞之舞

紫牡丹

紫珍珠

黑色	黑王子、巧克力方砖、黑兔耳、大和锦、黑法师、滇石莲、因地卡	 黑王子  巧克力方砖  大和锦
花色	花月夜、吉娃娃、小米星、乙女心	 花月夜  小米星  乙女心

多肉植物的颜色怎样搭配最美

一盆色彩和谐的多肉植物组盆，能成为居室中最抢眼的角色，所以学习常用的多肉植物颜色搭配，将会对你的组盆技巧有很大帮助。一般来说，较常运用的颜色搭配有以下几种：

· 冷暖色搭配 ·

冷暖色在色环上就是两组相对立的颜色，比如红色和绿色、黄色和紫色，这种搭配能表现出颜色的张力，同时相互烘托，争奇斗艳。在用多肉植物拼盘时不妨多运用这种冷暖色搭配，会

给人一种特别抢眼的感觉。

· 同色系搭配 ·

和我们平时着装一样，同色系的搭配是最不易出错的。用同色系的多肉植物来拼盘，会给人整体特别和谐的感觉，尤其是选用的器皿外形比较特别且色彩比较复杂，采用这种单色系多肉植物的搭配，不仅不会突兀，还能显得层次感十足。

· 多色系搭配 ·

多色系属于颜色跨度较大的一种配色，合适在节日组盆时运用，也可以在制作多肉植物相框、多肉花环或多肉吊篮时运用，能表现植物的缤纷感，同时给人颜色丰厚的视觉效果。

· 近似色搭配 ·

近似色就是色环上相邻的颜色，它们可以同为冷色，又或者同为暖色，比如红色和橙色、黄色和绿色、蓝色和绿色等。这种搭配比较温和，也不会太出挑，适合体现多肉植物“萌萌”的特性。

多肉与器皿的颜色搭配

有些“肉友”特别钟爱丰富多彩的花器，花器是为了衬托和承载植株而存在的，所以在选择花器与多肉植物搭配时需要注意以下几点：

1. 花器的颜色要和植株有所差别，可以是色彩饱和度的差别，也可以是色彩明暗度的差别，这样能更好地衬托多肉植物斑斓的色彩。

2. 本色陶盆是百搭盆，可以多选用白、灰、黑等非彩色器皿。

3. 碎花的器皿不适合用来种叶片较小的多肉植株。

4. 如采用鲜艳的器皿，可选用与植株颜色形成鲜明对比的。

闪耀吧！熠熠生辉的“肉肉星”

这年头女孩们都以瘦为美，肉太多的绝对不够格？不不不！一大群多肉植物爱好者绝对会拿出他们心爱的植物，告诉你，谁说“多肉”就不美！在植物界，多肉植物或许不如鲜花轻易便能绽放出美丽，可你却能通过创意组合发现它们别样的魅力。

品种推荐

由于五角星铁盘比较大，建议选用30棵颜色各异且价格适中的景天科多肉。

材料与工具

1.五角星铁盘。镂空的铁艺装饰盘很适合用来种植多肉。

2.水苔。水苔泡开后，一定要挤去多余的水分，太潮湿容易烂根。

3.镊子。用镊子把水苔塞入铁盘，把整个星盘里的多肉固定住。

组合Step by Step

上 左 右 下

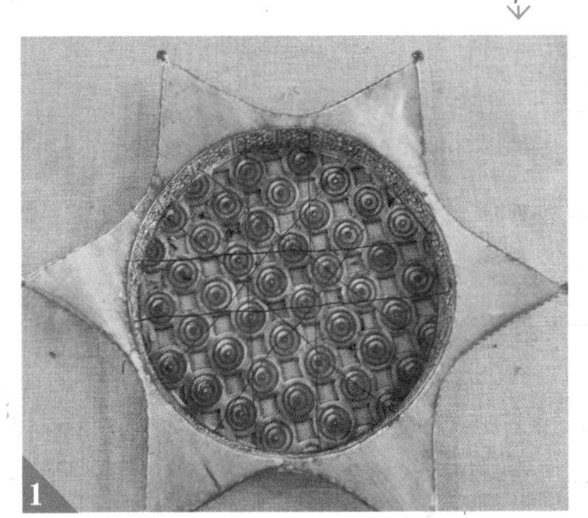

准备一个镂空的漂亮铁盘，用细铁丝缠绕整个盘面。

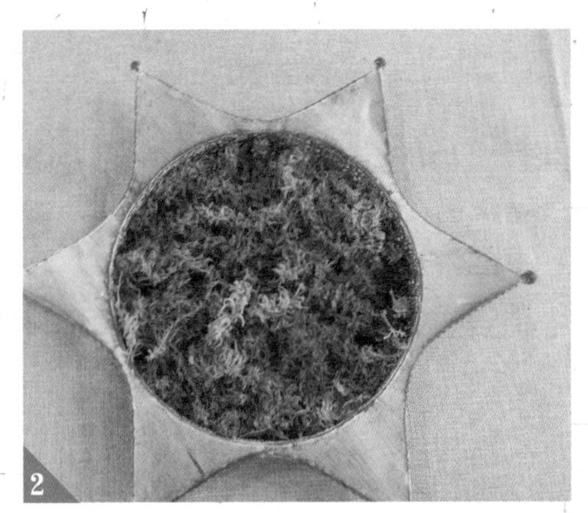

将泡了水的水苔挤干，然后塞进铁盘中间的铁丝网里。

将长势较好的“秋丽”植入铁盘右上角，用水苔固定根系。

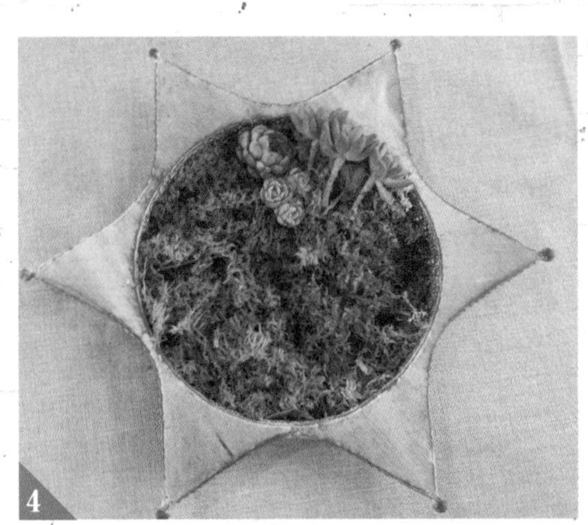

借助镊子在“秋丽”左边植入“奶油黄桃”和“苯巴蒂斯”。

沿着弧形的盘边依次种上“雪域蓝巴黎”“粉爪和砂糖”。

继续沿铁盘边缘植入群生的“西伯利亚”和“因地卡”。

将“蓝宝石”种在“奶油黄桃”和“因地卡”之间，同时在“秋丽”右边植入“砂糖”和“红叶祭”。

在“秋丽”右下角依次植入“灵影”“草莓冰”和“婴儿手指”。由于铁盘较大，种植时一定要有耐心。

在“婴儿手指”旁边种上“花月夜”“砂糖”等小型多肉植物。

在铁盘中间种上“清渚莲”，左边再植入“蓝姬莲”。

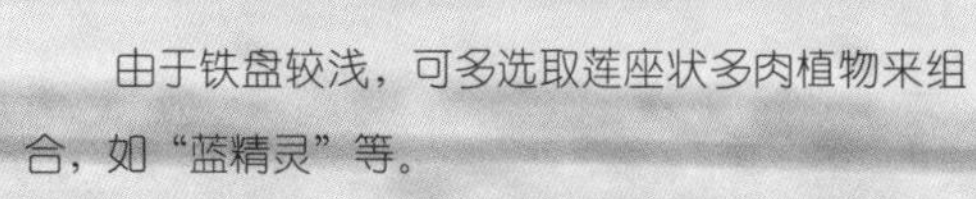

由于铁盘较浅，可多选取莲座状多肉植物来组合，如“蓝精灵”等。

按照构思，继续向空余的盘面上植入多肉植物。

可遵循疏密有致、大小参差错落的原则来填满铁盘剩余空间。

如果有些多肉植物难以固定，可以用镊子取些水苔塞进不够紧实的地方。

在盘面下方种上“绿爪”和“粉爪”，植入前可适当处理，如修剪过长的根系、摘除枯叶等。

最后在盘面空余处种上“乌木”，然后用橡皮气球吹掉植株叶片中间的粉尘、碎屑。

需要注意那些事

1.由于铁盘较浅，所以应挑选根系较浅的娇小品种，组合时可以从容器的边缘开始种，这样容易取得较好的视觉效果，也方便之后的布局。

2.尽量选用色彩丰富的多肉植物来组合，比如白色系、紫色系、红色系、黄色系、蓝色系和绿色系等，特别是暖色系的要多选几个。另外，还要注意大小的搭配，如果铁盘较小，就不要选太大的多肉植物，比如搭配株型比较大的“紫珍珠”就不协调，但是大铁盘配一到两棵稍大的多肉植物就很好看。

“肉肉”小课堂Q&A

Q 做好的多肉花环摆放在哪儿养护最好？

A 多肉植物大部分品种是喜光的，所以不适合放在光线较弱的室内，否则容易徒长变形。建议放在室外或阳台等光线明亮、通风良好的地方，如果家中采光不太好，那在组合时最好选一些耐阴的多肉植物品种，比如十二卷系列、玉露系列。

海洋之心献给挚爱的你

玫瑰自古便是爱情的象征，但现在越来越多的“肉迷”更希望自己的爱情能像生命力顽强的多肉植物一样，哪怕经历世事变迁，仍然历久弥新。那么不妨趁着节日来临，用色彩斑斓、清新动人的多肉植物制成最完美的礼物——心形挂饰，来表达你对爱人的心意吧！

品种推荐

蒂亚、汤姆漫画、蓝精灵、蓝色惊喜、紫心等20～30棵景天科多肉。

材料与工具

1.铁制心形花环。镂空的爱心花环乍看很朴素，但用多肉装饰好以后会显得格外漂亮。

2.水苔。优质水苔的颜色接近枯草色，且十分有韧性，一定不要购买经过染色的呈现绿色或其他颜色的水苔。

3.镊子。镊子可用来固定多肉，是制作花环最不可缺少的工具。

组合Step by Step

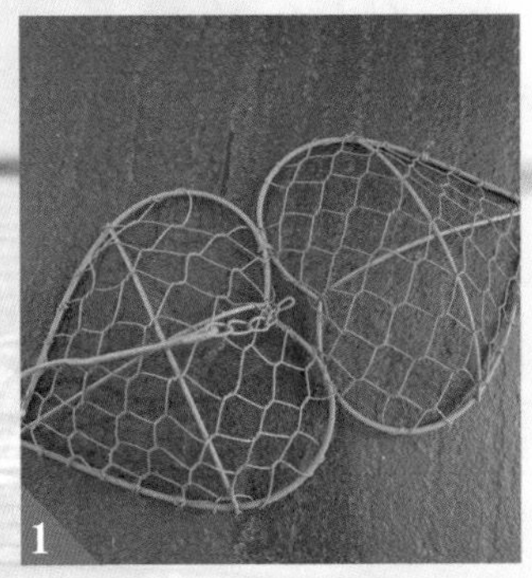

准备一个铁制爱心形网状花环，可在互联网上直接购买。

装入微湿的水苔，再将“汤姆漫画”植入花环右上角。

紧挨着“汤姆漫画”，借助镊子植入长有侧枝的“蒂亚”。

先用镊子将“蒂亚”旁边的水苔拨散并戳个小洞，再种上“粉蔓”。

由于网状花环基质比较厚，组合时应尽量选用根茎较长的品种。

继续沿着花环右上角种植，可用镊子取些水苔将植株根部塞紧。

花环右上角种满后再向左边种上“蓝色惊喜”和“奶油黄桃”。

选取不同颜色且长势较好的多肉植物，将它们种在花环左上角。

花环上的多肉植物不要种得太满，植株之间留出少许空隙可供后期生长。

花环上方种好后，选取群生的“紫心”植入花环右下角。

植物选取几株不同颜色和大小的多肉植物种植在花环左下角。

借助镊子夹住多肉植物的根系处，塞入花环最下方的水苔里。

组合时如果觉得某两株植株间的空隙太大，可选取迷你型多肉植物来填满。在正中间的位置植入大小合适的“雪莲”，漂亮的花环就完成了。

需要注意那些事

制作爱心花球需要的多肉植物数量比较多，可以选择价格适宜而颜色又非常丰富的普货（普通品种），也可以单品种多买入几棵。另外，在品种的挑选上要选择有固定生长点且没有太大变化的“肉肉”，这样对于心形花球的后期养护比较有利。

作为介质的水苔的优点很多，既干净、通气又保水，但有一点需要注意，即不能让水苔总是保持湿润的状态，否则多肉植物的根部容易腐烂，一定要等水苔彻底干燥之后，才能再次给水。

“肉肉”小课堂Q&A

Q 想用新购入的多肉植物制作花环，应该如何处理？

A 一般刚买回来的多肉植物是带土的，由于多肉植物大棚里的土壤大部分是带有虫卵的，所以在制作多肉植物花环前，建议将多肉植物根部带有的土壤全部去掉，清洁植物根部。这样一来比较干净，二来不用担心后期会遭受病虫害。

窗前那片堪比花娇的风情

欧洲人常常用花环来装饰户外大门，即使在寒冷的冬季，用松枝和松塔做的“素花环”也十分富有装饰感。如今，国内的多肉植物玩家们也不甘示弱地做起来了，他们制作的多肉花环刷爆了无数人的朋友圈，是不是羡慕又嫉妒？爱好多肉植物的你也赶快来学习这个花艺新技能吧！

品种推荐

桃美人、红宝石、婴儿手指、苯巴蒂斯、红边月影、冰莓等颜色各异的景天科多肉，根据花环尺寸不同，大概会用到30～40棵多肉植物。

材料与工具

1.铁制圆形花环。铁艺镂空状的花环是必备材料。

2.水苔。水苔刚买回来是干燥的，需用水浸泡变软后才能很好地固定在圆形铁框内。

3.镊子和气吹球。可使用镊子将多肉定植在水苔中，然后用气吹球吹掉叶片中间的粉尘或碎屑。

组合Step by Step

上 左 右 下

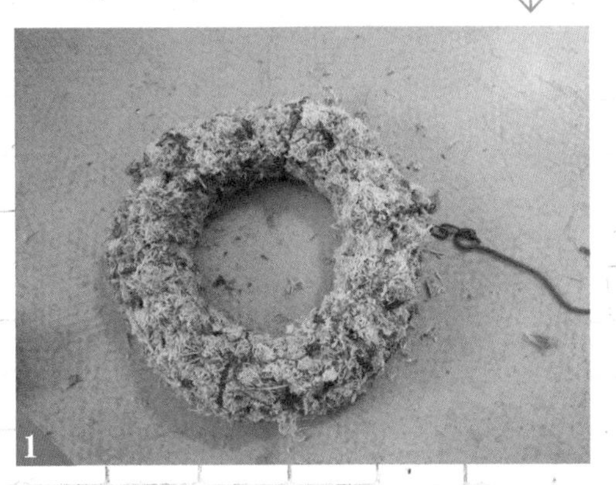

准备一个铁制镂空的圆形花环，塞满浸泡后变软的微湿水苔。

借助镊子将花环上方的水苔拨扯松散，植入几株大小不同的莲座状多肉植物。

沿着花环右侧开始组合，组合时需清理掉植株上的泥土或摘除老化的叶片。

由于镂空花环上有许多铁丝围成的小洞，所以组合时要小心，不要碰伤叶片或根系。

继续沿着花环向右下角组合，植株之前可保留一定的空隙，以方便日后生长。

在花环右下角种上“婴儿手指”等大小不同、颜色相近的植株，营造错落有致的视觉效果。

由于花环在后期需要悬挂起来，所以应尽量选取根系较长的多肉植物品种组合在花环下方。

沿着花环向左下角植入长势较好的多肉植株，如果担心后期营养不足，可埋入少许缓释肥。

在花环左上方植入“奶油黄桃”“苯巴蒂斯等”，可灵活使用镊子等工具来帮助操作。

最后在花环上植入“白月影”，如果难以固定，可取些水苔捏成小球，塞进不够紧实的地方。

需要注意那些事

1.花环完成后要在没有直射光照射的地方先平放一段时间，待多肉植物在水苔中扎根后再悬挂起来。

2.生长旺季可根据干湿情况每隔1～2周浇1次水。浇水的时候用盆盛满水，把花环平放在盆里，水没过水苔但不超过多肉植物最下面一层叶片，浸泡5分钟待水苔吸饱水即可。

“肉肉”小课堂Q&A

Q 花环上的多肉植物不是种在营养土里，很担心长不好，后期该怎么养护呢？

A 由于水苔没有养分，所以需要添加适量的缓释肥，以供多肉植物未来一段时间的生长。以直径23厘米的花环为例，大概需要10～20克缓释肥，可在组合花环时埋入水苔，肥效能维持约半年之久。

午后茶歇，玩转创意伞架

阳光暖暖的午后，于一隅静坐，看着亲手制作的多肉植物作品，心中不由得涌上满满的成就感。无论是挑选、搭配，还是摆放、种植，这里都藏着专属于你的独特味道。

品种推荐

选取一些大小不同的多肉，如晚霞之舞、劳尔、玉蝶、树冰、猎户座、雪域蓝巴黎、秋丽、莎莎女王、红宝石、酥皮鸭等。

材料与工具

1.铁制伞挂。镂空状的白色小伞可是高级多肉玩家的新宠。

2.水苔。需浸泡后使用，能给铁伞上的多肉植物提供足够的水分。

3.镊子。镊子可用来固定多肉植物与水苔。

组合Step by Step

上
左 右
下

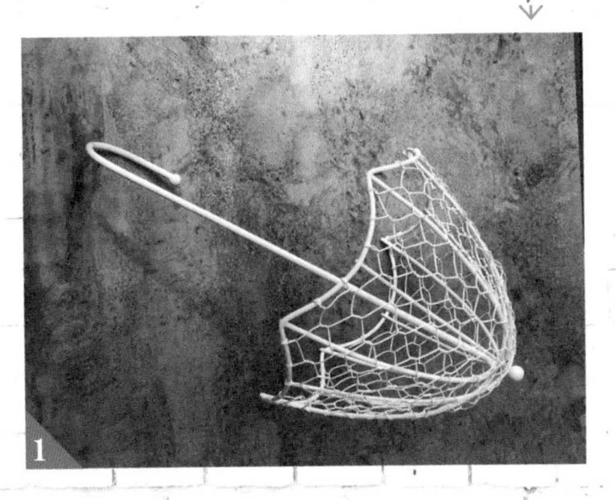

准备一个铁制镂空的白色迷你伞架，可在互联网上购买。

将湿水苔拨扯松散，铺衬在伞架底部，厚度大约是伞架凹槽深度的2/3。

沿着伞架边沿植入长势较好的“猎户座”，可借助镊子取一些水苔将根系塞紧。

在“猎户座”右边植入“雪域蓝巴黎”，由于伞架凹槽比较深，可选取株型较大的多肉植物来种植。

选取长有侧枝的“秋丽”定植在“猎户座”左边，这样一大簇“秋丽”能带来丰盈感。

在“雪域蓝巴黎”旁边种上群生的“劳尔”，如果不好固定，可多取一些水苔捏成小球塞住根部。

将“晚霞之舞”定植在伞架中间，相邻的多肉植物采用同色系的来组合也能达到视觉和谐效果。

继续向伞架上方植入多肉植物，组合时动作要轻柔，可使用镊子等种植工具来辅助。

在伞架右上方种上“树冰”，因为有伞面作为支撑，所以可以选取株型较高的品种来组合。

在伞架右侧的空隙处种上“莎莎女王”，注意要根据空隙大小来选取合适的多肉植物。

为了方便组合，可将伞架旋转180°，然后在空余处植入“玉蝶”和“红宝石”。

最后沿着伞架边缘种上长成老桩的“酥皮鸭”，这种高低错落的造型能起到画龙点睛的效果。

需要注意那些事

1.组合时间首选秋季。因为这个季节很适合多肉植物生长，而且昼夜温差较大，容易使多肉植物的颜色更加鲜艳动人。

2.很多“肉迷”担心种植过密会对多肉植物生长不利，其实还好，只要不是放在室内且不徒长，多肉植物的颜色和株型都会保持得很好。但是由于铁伞里的水苔不能长期保水，多少都会有点缺水的现象，所以相对于用土种植，铁伞里的多肉植物来说不会长得太肥厚。

“肉肉”小课堂Q&A

Q 多肉植物适宜生长的温度是多少？夏季与冬季气温各达多少度时它们会休眠？

A 多肉植物最适宜的生长温度是10～30℃。夏季超过35℃时，部分多肉植物会进入休眠状态，特别是冬种型多肉植物；当温度高达40℃时，几乎所有的多肉植物都会进入休眠状态。冬季气温低于5℃时，部分多肉植物会进入休眠状态；低于0℃时，多肉植物内部的水分会慢慢结冰，植物主体也就不再生长了，这时一定要断水。

月亮湾里梦游花境

见过太多美丽的花卉，圆润厚实的多肉植物，却以一种清新之姿脱颖而出。它们或许少一分娇嫩、少一缕芬芳，但却独具魅力，萌态十足，不知不觉便让你爱上它。

品种推荐

橙梦露、奥普琳娜、雪域蓝巴黎、芙蓉雪莲、汤姆漫画、紫心、奶油黄桃、蒂亚。

材料与工具

1.铁制半月形花环。如果准备的多肉植物数量不多，可选用半月形花环来制作。

2.水苔。考虑到后期的养护问题，应尽量选择保水性强的优质水苔。

3.镊子。除了直嘴镊子，弯嘴镊子也可以用来固定多肉植物和水苔。

组合Step by Step

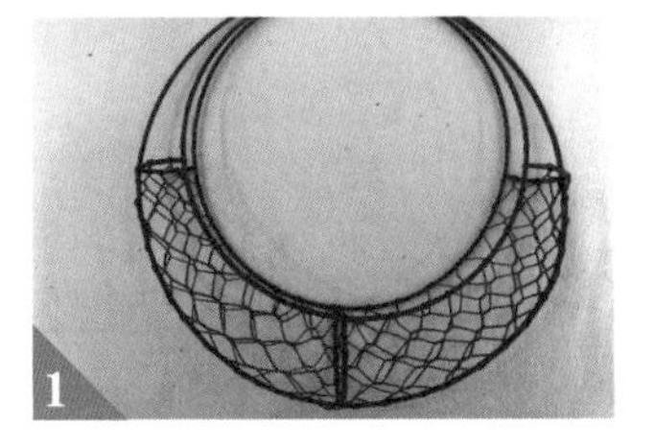

准备一个铁制镂空的半月形网状花环，可在网上直接购买。

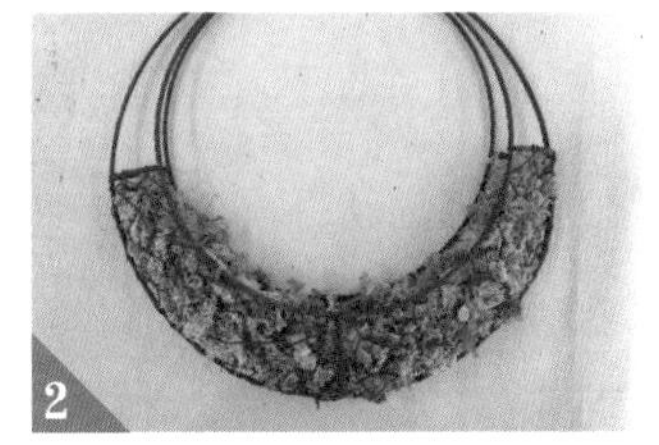

将浸泡后变软的湿水苔弄松散，塞满整个网状镂空处。

在半月形花环正中间植入“奥普琳娜”，由于花环凹槽不大，所以不宜选取株型过大的多肉植物。

在“奥普琳娜”左边种上健康且无病虫害的“芙蓉雪莲”，组合前需先去掉根系上的土壤或摘掉老叶。

在“芙蓉雪莲”左边种上群生的“紫心”，用同色系的多肉植物来组合能带来意想不到的美感。

在“奥普琳娜”的右边种上“橙梦露”，如果不容易固定，可再取些水苔将它们的根部塞紧。

选取合适的多肉植株将半月形花环最右边的空隙处填满，注意不要碰伤叶片。

选取群生的“奶油黄桃”种在花环左边，这种株型大小不一的布局能为整个组合增添独特魅力。

最后选取“蒂亚”种植在最左边的空隙处，这样一款漂亮的花环就大功告成啦！

需要注意那些事

1.组合时千万不要太用力，多肉植物是有生命的小植物，用力过度容易把它们弄伤。种植时用镊子捏住接近其根部2～3厘米的地方，然后往水苔里按，如果觉得固定不牢，可以再用少许水苔压住植株根部。注意，多肉植物的小叶片非常容易掉落，所以角度一定要把控好，动作也要轻柔一点。

2.一般组合的观赏期只有几个月，如果发现花环上的某棵多肉植物生长状态不佳，可在春天来临时将其移栽到花盆中。

“肉肉”小课堂Q&A

Q 我养的多肉植物最近3个月完全不见生长，而且植物底部叶片开始枯死，这是什么原因造成的?

A 这种不生长现象常被称为“僵苗”，主要原因是根系已经枯死或只有一点点硬撑着。应先将枯死的黑色根系全部修剪掉，同时清理底部的枯叶和腐叶，然后用清水或多菌灵溶液清洗一下根部，最后放在散光处晾2～3天，再栽种即可。

召唤春意的百搭壁挂

多肉植物正在引发一股花艺潮流，用它搭配天然花器来创作家居壁挂，无论摆放在哪个角落，都显得别具一格，艺术感十足！

品种推荐

蒂亚、秀妍、乌木、雪莲、棱镜。

材料与工具

1.柳编挂篮。选用天然柳编花器搭配多肉植物，真是美不胜收。

2.营养土和水苔。镂空的花器很适合用水苔作为基质，不会像营养土一样存在撒漏的状况。

3.镊子。可用镊子在水苔上戳个小洞，然后夹住多肉植物的尾端往里固定。

组合Step by Step

上 左 右 下

准备一个干净的柳编挂篮，为了防止基质撒漏，可在里面垫上一层塑料膜或网纱。

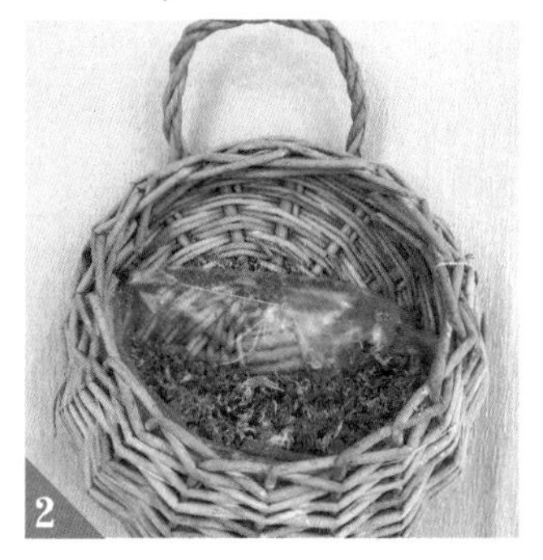

在挂篮里面先铺一层多肉植物专用的营养土，然后在土壤上面盖一层湿润的水苔。

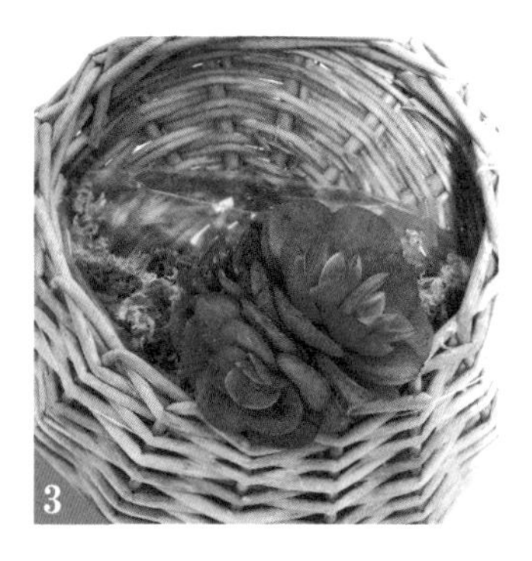

选取双头“秀妍”定植在挂篮正中间，如果不好固定，可再取一些水苔揉成球将植物根部塞紧。

在“秀妍”左边植入双头“棱镜”，相邻的多肉植物采用同色系的来组合，可让整个作品在色调上显得更和谐。

在“秀妍”右边植入株型小巧的“乌木”。由于整个挂篮凹槽面积不大，所以需根据空余大小来选择多肉植物。

6
选取长有侧枝的老桩“蒂亚”植入挂篮最左侧的空隙处，营造高低错落的视觉效果。

7
最后在挂篮最右侧的空隙处植入大小合适的“雪莲”，然后用橡皮气球吹掉叶片上的粉尘或碎屑。

需要注意那些事

1.组合时应先选择比较大的多肉植物作为主体定植在合适的位置，然后再决定配在四周的品种。若某棵多肉植物比较长，可用黑色小夹子将其再次固定，这样就能在一定程度上控制壁挂的造型，不然悬挂起来后会比较容易掉落。

2.挂篮里一般配有塑料袋衬底，能防止基质撒漏，如果没有水苔，也可以用针在塑料袋上戳些小洞，然后放入营养土来种植多肉植物。

“肉肉”小课堂Q&A

Q 扦插的小苗好多天都没生根，是不是土壤有问题？该怎么配比呢？

A 一般来说，若土壤中泥炭土＋椰糠混合物的比例占到70%，对多肉植物生根是非常有利的。另外，刚摘下的小苗要等伤口晾干后再进行扦插，前一周不要浇水，后两周可喷湿盆土表面，然后再加大水量，否则会因控水不好而导致植物腐烂。

Chapter 3
多肉相框：富有装饰感的植物艺术

玩“肉”进阶！巧用多肉植物装扮居家空间

如今，越来越多的萌感十足的多肉植物成了人们居家生活的“常客”，它们有的文艺恬静，有的活泼可爱，而无论什么样的多肉植物，组合起来摆放在室内，能让人随时都有好心情。

不同的空间摆放不同的多肉植物

每株多肉植物都有自己的习性，在家里摆放时，需要根据它们的习性选择摆放地点。

· 玄关 ·

这是一进门给人第一印象的重要地方，有些多肉植物玩家会将多肉植物组合在长条状的画框里，然后像挂画一样挂在玄关。需要注意的是，多肉植物画框完成后，要将其平躺放置一段时间，待其生根且根系抓牢水苔后再挂起来。此外，由于玄关大都属于采光不足的地方，所以也需要不时移到阳光充足处，让它们定期晒晒太阳。

推荐品种：十二卷属的多肉植物，如条纹十二卷、玉露、玉扇等。

· 客厅和卧室 ·

客厅和卧室也属于需要装饰的空间，采光比玄关要强很多，摆放在此的多肉植物可以景天科、仙人掌科、菊科为主，尤其带颜色的多肉植物更能为你的家增添艺术效果。

另外，也可根据家具风格来搭配多肉植物，比如沉重色系的家具适合明亮色系的多肉植物，现代家具适合搭配小清新感觉的多肉植物，古典家具则适合搭配具有古朴气质的已长成老桩的多肉植物。

推荐品种：天使之泪、女雏、千代田之松、黄丽、橙宝山、蓝松、八千代、落日之雁、黛比。

书柜和书桌

厚重的文化气息有时会让人感觉有种严谨的拘束感，不妨将多肉植物组合在漂亮的相框里，用来装饰书柜或者书桌，不仅有助于增加活氧、美化环境，而且漂亮可爱的花瓣状多肉植物会让你的家绽放出别样的“文艺气质”。

在选择时，可多用浅色系简约风格的相框，这样无论是对家具的颜色还是组合的景观多肉植物都不会有太多的限制。

推荐品种：花月夜、吉娃娃、樱吹雪、锦晃星、紫珍珠、玉蝶。

窗台

窗台是整个室内阳光最足、通风最好的地方，适合绝大部分多肉植物生长。但窗台相对其他地方来说位置较小，所以不适合摆放太大的多肉植物，品种方面则可选择一些喜阳的多肉植物。

此外，如果想让“肉肉”长得好，一定记住三个要点：阳光、通风、浇水时机。这三点控制好了，就可以养出健康的多肉植物。

推荐品种：鲁氏石莲花、虹之玉锦、火祭、桃美人、姬星美人、星乙女锦。

室内用心呵护也能茁壮成长

能有个适合露养的环境，对多肉植物来说实在是莫大的幸福，可是也有不少“肉”友由于居住条件限制只能选择在室内种植多肉植物。其实只要用心呵护，室内的多肉植物一样能茁壮成长。

缺光是室内养“肉”最常见的问题

首先，我们要接受光照不足的事实，由于室内的阳光总来自于一侧的窗户，从而造成照射到多肉植物身上的阳光不够均匀，所以我们需要经常性地转一下花盆的朝向；其次，窗台上不同位置的光照水平差距较大，通常摆在中间位置的多肉植物能享受到比两侧多出3～4个小时的日照时间。对此，我们只能多调整植株的摆放位置，使不同的多肉植物都能享受到足够的阳光沐浴。

阳光越少则浇水越少

很多“肉”友习惯了露养时“大水浇透”的做法，这可能会对室内养护的多肉植物特别不利，因为水是多肉光合作用的原料，所以室内阳光越少，就应该浇越少的水。

如果多肉植物之间的光照水平差异很大，而你却在浇水的时候一视同仁，那么势必会造成植株徒长，所以，平时光照充足的要多浇水，光照略差的则要少浇水。

另外，对于多肉植物，有些“肉”友是在春、夏、秋三季选择露养，只有冬季收回室内养护。这种情况下，不妨选择浸润性好的颗粒土来种植多肉植物，这样即使冬天没有将水浇透，也可以让土壤里的水分自行浸润全盆。

控制温度是室内养多肉植物的最大难题

夏季，室内温度往往比室外要温和一些，所以多肉在室内很容易度夏，但是到了冬季，室内的暖气稍不注意就有可能变成“多肉杀手”。

如果你家窗台下面有暖气，千万不要将多肉植物摆放在上面，因为暖气会将土壤加热到很高的温度，一旦土温超过40℃，多肉植物的根系就会丧失呼吸能力，从而导致死亡。

反之，如果你经常开窗通风，并把多肉植物放在冷风能够吹到的地方，那么一直生长在温暖环境中的多肉植物会出现掉叶片、茎秆枯萎等生理失调的现象，严重时还会被冻伤。所以，冬天在室内养多肉植物，一定不要让温度产生太大的波动。

地上通风和地下通风都很重要

对于多肉植株的通风，一般可分为地上部分和地下部分。当今，大多数房屋都有较好的通风设计，所以室内种植的多肉植物大可不必担心通风问题。但如果你的养“肉”环境比较潮湿，那就需要在雨季给多肉植物喷洒一些保护性的杀菌剂，比如代森锰锌，来预防真菌病害。

地下部分的根系通风则主要依赖浇水和水分蒸发来完成。如果浇水后，盆土能在4～5天内干透，那就不用担心根系的透气问题了。反之，如果盆土总是不干，甚至好几天后仍处于湿湿的状态，那就表明根系正处于不透气的状态，应马上调整浇水习惯或是改善土壤。

浓缩在相框中的寄植美学

作为植物界的“艺术品”，多肉植物被越来越多的爱好者玩出了新花样，如将趣味的植物造型和自然的色彩水乳交融地在相框中同时体现，这样的作品无论是放在室内装点家居，还是放在室外，立在墙边，都美得超出你的想象。

品种推荐

奶油黄桃、因地卡、白线、紫珍珠、冰莓、红宝石、黄丽、紫卡、莫兰、蓝色惊喜。

材料与工具

1.木质相框。选用种植专用的木质相框，这种材质比较透气，不会影响多肉生长。

2.水苔。网购水苔一般都是干燥的，需要用水浸泡开并挤去多余水分后再使用。

3.镊子。在镊子的帮助下，可以一边植入“肉肉”，一边用水苔填补空隙。

组合Step by Step

准备一个适合种植多肉植物的相框，可以自己用木板和铁丝进行改造，也可以直接网购。

将相框平放，待凹槽里填满泡软的微湿水苔后，选取株型娇小的“蓝色惊喜”种植在中间。

由于相框上的种植面积不大，所以组合时应尽量选取株型娇小的多肉，如“红宝石”。

选取双头“因地卡”种在相框右下角，如果不好固定，可再取些水苔将根部塞紧。

借助镊子将“因地卡”左边的水苔弄松散，然后植入“冰莓”，注意不要碰伤叶片。

在“因地卡”上方植入长有侧枝的“奶油黄桃”，如果是长有老桩的多肉植物则更容易组合。

选取群生的“白线”种植在“红宝石”和“奶油黄桃”中间，用不同的株型组合会更出彩。

在“白线”下方的空隙处植入“紫珍珠”，注意要根据空隙的大小来选择多肉植物品种。

在相框的左下角种上长势较好的“紫卡”，组合前可先检查一下植株是否健康。

将相框左上方的空隙处用“红宝石”等多肉植物填满，组合得密集一些会显得更好看。

需要注意那些事

1.种植专用相框与普通相框不同，一般分为无底孔和有底孔两种，建议使用有底孔的，更有利于多肉植物生长。组合时相框里面可塞满水苔，或者在底层铺上泥炭、鹿沼土和粗沙的混合基质，然后再加一层保水性强的水苔。

2.刚刚种好的多肉相框切记不要立起来，请平放2~3周直至植物生根，由于各地生长环境不同，这个过程也许需要更久。

“肉肉”小课堂Q&A

Q 可以用平时装照片的相框来种植多肉植物吗？

A 种植多肉的相框厚度需达到8~10厘米，用普通木质相框改造一下也是可以的，先拆掉相框中间的底板和玻璃，然后用胶枪喷胶将底托穴盘粘在相框下面，这样一个新的创意容器就诞生了。

多肉玻璃樽，家居治愈系新宠

虽然诗和远方不易得，但也请不要安于眼前的苟且，为生活加入一些诗意其实并不难，也许只需那么简单的几件小物，如一块木板、一段麻绳和一个布丁杯，就能设计成别具一格的家居壁挂，那简约而清新的味道，就像生活中的“小幸福”让人倍感温馨

品种推荐

①汤姆漫画②蒂亚③艾伦④粉蔓。

材料与工具

1.木板、麻绳和玻璃布丁杯。需提前用手电钻在木板上打两个小洞，四角可用胶枪贴上装饰铜片。

2.镊子。玻璃瓶口较小，可用镊子夹住多肉放入瓶中定植。

3.种植基质。选用黑色火山石和泥炭以1：1～1：2的比例混合，有利于多肉植物生根。

组合Step by Step

准备一块长方形木板，用电钻在中间钻两个小孔，然后再准备一根麻绳。

将吃完布丁留下的透明玻璃瓶清洗干净，然后装入黑色火山石和泥炭混合的土壤。

由于瓶口很狭窄，所以只能种下细长且娇小的多肉植物，如“粉蔓”。

灵活使用镊子，将株型同样小巧的“艾伦”种到玻璃瓶里。

继续用镊子在玻璃瓶里挖个小洞，将“汤姆漫画”植入其中。

色泽艳丽的莲座状“蒂亚”同样适合用来组合在玻璃瓶中。

取一段麻绳在玻璃瓶口多绕几圈，直至确定绑牢固了。

最后将麻绳两端穿过小孔，在木板后打个死结，然后挂在墙上或者直接摆放在桌角即可。

需要注意那些事

1.玻璃瓶属于无底孔花器，为了防止多肉植物烂根，平时要注意控水。最好能用手电钻在玻璃瓶底部钻个小孔，或者每次浇水后用手摁住玻璃瓶里的土，然后适当倾斜一下，以便倒出瓶里多余的水分。

2.玻璃瓶还可以用来水培多肉植物。将瓶里装入少量的水，让多肉根系与其保持1～2厘米的间隔，根系会慢慢顺着水汽往下生长。最初，水培要比土培好，但后期会因为营养不足而劣于土培效果，所以水培两三个月后可转为土培。

"肉肉"小课堂Q&A

Q 冬天是多肉植物的休眠期，该怎样使其顺利度过？

A 绝大多数多肉植物必须在室内阳光充足的地方越冬。因此，冬季低温时，应将多肉植物搬到室内养护。若空气不流通或湿度较大，会使多肉植物发病。为避免这种情况，室内最好每隔2～3天通风1次，同时注意避免冷风直吹。

做旧画框，多肉植物也能种上墙

现代人生活节奏太快，工作、学习压力超载，不如在周末花点时间来自制多肉画框吧！看着一棵棵平日里安静低调的“小家伙”，忽然热热闹闹地聚在一起，如五光十色的宝石拼盘，顿时让人心情愉悦起来。

品种推荐

根据画框尺寸不同，大约会使用30～50棵色彩丰富且价格适中的景天科多肉植物。

材料与工具

1.做旧画框。木质画框比相框略大，所以中间需要一层铁丝网来固定多肉植物，同时防止种植基质撒漏。

2.种植基质和水苔。可用椰糠+粗沙以1：1的比例来混合铺底，然后再铺上一层微湿的水苔。

3.镊子。可用镊子夹住水苔放入铁丝网里，并帮助多肉植物定植。

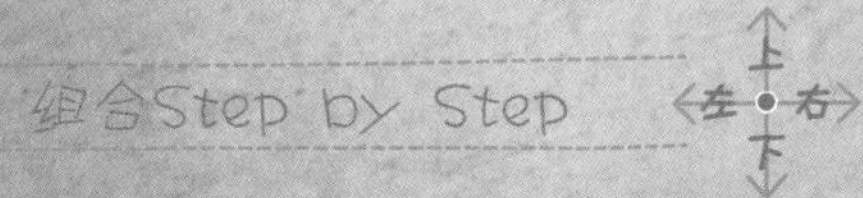

1

准备一个带铁丝网的木质画框，里面先铺一层多肉植物专用种植土，再将微湿的水苔塞满。

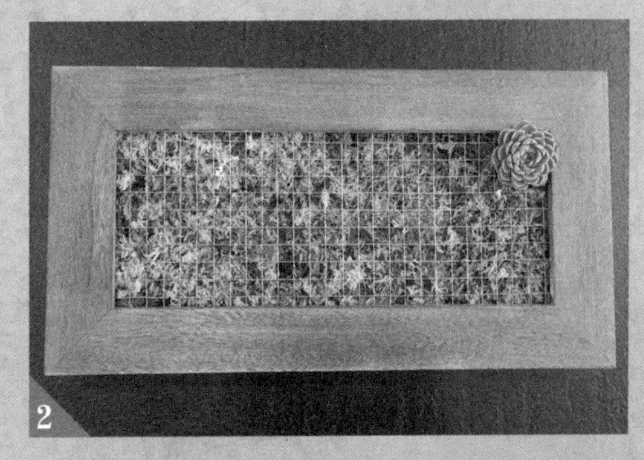

2

由于画框比较大，可先从左上角人手，借助镊子把水苔弄松散，植人一棵健康的多肉植物。

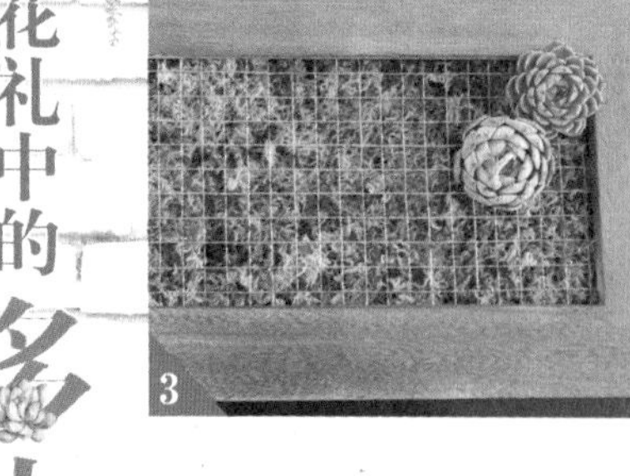

3

继续在左上角种下莲座状的“芙蓉雪莲”。

4

在“芙蓉雪莲”旁边植入“晚霞之舞”和“雪域蓝巴黎”。

5

铁丝网格不大，在种多肉植物时要小心地把它们放进去。

6

最好选择一些根茎比较长的多肉植物进行定植。

7

多肉植物之间种植空隙不要太大，这样会显得比较美观。

8

把画框顺时针旋转90°，将下面的空间渐渐填满。

9

选取一株颜色亮丽的双头“秀妍”定植在画框上面。

10

继续在长方形画框最上面植入株型较大的多肉植物。

为了方便种植，可将画框横着放置，注意相邻多肉植物选用不同的颜色。

画框左边渐渐填满，如果不好固定植株，可用镊子再取些水苔塞紧根系处。

画框两边种满后，可选取株型娇小的多肉植物定植在画框中间。

继续在画框中间植入双头“绿爪”“乌木”和双头“棱镜”等。

最后根据剩余的空间选择合适的多肉植物进行定植，漂亮的多肉画框就完成了。

需要注意那些事

1.画框完成后要至少平放2～3个月，这是为了让多肉植物的根系牢牢抓住种植基质，这样立起来时才不会掉落下来。如果想让多肉植物生长更快，可以适当加大浇水频率。由于木料本身很透气，只要悬挂在通风良好的室外，就不会存在植物化水腐烂的现象。

2.如果室外的养护条件不是很好，只有少量日照，使得多肉植物因徒长而出现挤压或是太过密集的情况，可以适当地修剪一下，毕竟通风环境不好又长得太密，会很容易让“肉肉”闷坏。

“肉肉”小课堂Q&A

Q 平时应怎样给相框里的多肉植物浇水呢？

A 由于画框是个整体，想浇透水很难，所以在制作时会在画框最顶部预留好浇水口。浇水频率为每隔10～20天一次，当气温低于10℃时，选择晴天的上午浇少量水；当气温在10～30℃时，可一次浇透；当气温高于30℃时，选择傍晚浇少量水。

MINDWALK

VOYAGE OF

开卷有益！书中自有“肉”如玉

传统的多肉盆栽早已看腻？不如试试当前最流行的造景，即将多肉植物种在书里。这可不是普通的书籍，它是由树脂材质制作的仿古书籍花盆，搭配美丽的多肉植物作为居家摆设，更能彰显主人不凡的品味。

品种推荐

白牡丹、红宝石、球松、石莲花、蓝色惊喜、小红衣、墨姬、酥皮鸭。

材料与工具

1.古典书籍花盆。这种树脂材质的花盆非常环保，而且带有浓厚的生活与艺术气息，摆在书柜或案头，既美化环境，又有益身心，真是一举多得。

2.多肉种植土和水苔。花盆下方可铺上多肉植物专用的种植土，上面可用水苔来固定植株。

3.打孔器和镊子。灵活使用这些小工具能让多肉植物很好地定植。

组合Step by Step

准备一个适合种植多肉植物的仿书籍花盆，然后铺一层多肉种植土。

将浸泡后变软的微湿水苔铺在营养土上，直至与花盆相齐。

从花盆左下角开始种植，借助镊子将水苔拨散，植人莲座状的“蓝色惊喜”。

使用打孔器在“蓝色惊喜”旁边打两个小洞，植人“石莲花”和“墨姬”。

将花盆顺时针旋转90°，在花盆右下角植入群生的“小红衣”，如果不好固定，可再取些水苔塞紧根系处。

书籍花盆的剩余空隙很小，可选取娇小的“红宝石”和“白牡丹”定植进空隙。

在书籍花盆上方植入两棵“球松”，注意调整造型，能起到画龙点睛的效果。

将花盆逆时针旋转90°，横放。花盆中间还有少许剩余空间，可再植入迷你的“酥皮鸭”。

最后用橡皮气球吹掉花盆边缘以及多肉植物叶片上的碎屑和浮土。

需要注意那些事

1.如果不想购买这种树脂花盆，也可以利用家里闲置的厚书籍来改造成花器，先用胶水将书本侧面的纸张全粘住，再用美工刀在书本中间挖出一个足够多肉植物生长的方形坑，然后铺上塑料薄膜以防止浇水时弄湿书本，最后将多肉植物种植进去，这样，一本创意满分的多肉植物书籍就做好了。但是，这样做出的书籍花盆后期养护比较麻烦，书本也容易腐蚀。

2.选择不同颜色的多肉植物进行组合，在搭配上也有一定的讲究。如果植株数量不多，相同的颜色尽量避免邻近种植，可采用对角或间隔其他颜色种植。同时，相互之间形成对比强烈的色彩，则视觉效果更佳。

“肉肉”小课堂Q&A

Q 作为一名多肉植物种植新手，常常不知道何时该给植株浇水，怎么办？

A 新手养多肉植物可用这个方法来判断该不该给多肉植物浇水：用一根较长的竹签插在花盆边上，想给多肉植物浇水时，将竹签轻轻地取出，如果发现整根竹签已干燥，便可以浇水。

富含自然灵性的神秘“绿洲”

玩腻了多肉拼盘，想为自己做个时下最流行的多肉相框？那么这款设计绝对会带给你灵感。造型特别的三角木盒，仿佛大自然的神秘地带，将有着厚厚叶片的“萌肉”种植其间，就像开启了一扇通向仙境的大门。

品种推荐

蓝姬莲、西伯利亚、橙梦露、娜娜小勾、紫卡、蒂亚、因地卡、海琳娜、青苹果、蓝精灵。

材料与工具

1.三角形木框。其新颖的造型格外引人注目，非常适合装饰家居环境。

2.水苔。组合时要先把水苔泡开，待攥干水分后再使用。

3.镊子。可用镊子将多肉和水苔固定在三角木框里。

组合Step by Step

准备一个适合种植多肉的三角木框，然后选取高品质的水苔，以水浸泡变软后，尽力挤干水分待用。

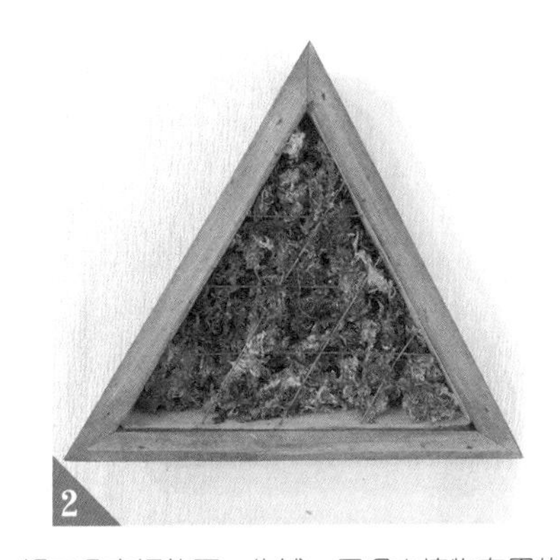

将三角木框放平，先铺一层多肉植物专用的种植土，再将微湿的水苔塞入其中，直至与铁丝网齐平。

从三角木框的最上方开始组合，选取群生的“西伯利亚”进行定植。

用镊子将“西伯利亚”旁边的水苔扯松，然后小心地夹住“蓝精灵”的根部塞进去。

继续选取莲花状的多肉植物植入其中，相邻两个多肉颜色如果有明显差异，也会比较美观。

选取群生的“娜娜小勾”种在三角木框的左下角，如果不好固定，可再取一些水苔塞紧根部。

借助镊子在“娜娜小勾”旁边的水苔上挖个小洞，将“紫卡”的根系塞人其中。

选取长势较好的“蓝苹果”种植在“西伯利亚”旁边，组合前可先检查一下植株是否有病虫害。

将“蓝姬莲”定植在三角木框正中心，注意要根据空余处的大小来选择合适的多肉植物。

选取“海琳娜”种植在三角木框的右下角，组合时一定要小心，不要碰伤叶片。

将双头“因地卡”植人三角木框最右边的空隙处，可使用镊子等种植工具。

最后选取株型娇小且色泽鲜艳的“蒂亚”种植在空隙处，漂亮的多肉相框就完成了。

需要注意那些事

1.制作完成初期，因为多肉植物根系尚未“安营扎寨”，可以先把画框平放两周左右，待根系适应再将其竖起来或挂起来。

2.如果想养在室内，一定要放在向阳处，每天若能透过玻璃照射4～6小时阳光，多肉植物也能变为果冻色，颜色甚至比露养的更可爱。刚组好的多肉相框不要马上浇水，待水苔变干后可少量浇水，生长旺季平均15～20天浇1次水，休眠期则采用喷水的方式保持水苔微湿即可。

“肉肉”小课堂Q&A

Q 多肉植物的茎秆上时不时长出一些白色的根须，这是怎么了？

A 地面以上的茎长出的根叫气根。这说明栽培环境中的空气湿度大于土壤湿度，植株底部根系吸收不到满足生长需要的水分时，刚好外部环境湿度充分，就会长出气根来弥补水分，所以应多开窗加强通风，以免湿度过大导致茎叶腐烂。

欧式蕾丝相框 彰显低调的奢华

欧式复古的蕾丝相框，有着奢华的金色纹理，第一眼看上去就令人爱不释手，在这样一个充满情怀的盆器里种上自己喜欢的多肉植物，再搭配欧式风格的室内装修，定能让居室灵活起来。

品种推荐

乌木、雪莲、白牡丹、红宝石、莎莎女王、蓝色惊喜、海琳娜、蓝姬莲等、

材料与工具

1.欧式蕾丝相框。这款相框由水泥制成，漂亮的浮雕纹理与磨砂质感，透出中世纪复古而典雅的风采。

2.营养土和水苔。为了让多肉植物更健康地生长，可在盆里先铺一层泥炭和颗粒混合的土壤，面上再铺上微湿的水苔。

3.打孔器和镊子。这些小工具不仅能在种植基质上打孔，还能很好地固定多肉植物株。

准备一个带金色纹理的椭圆形相框，用小铲子将多肉植物专用的种植土放进去。

为了防止相框竖立时土壤撒出来，可在面上铺一层微湿的高品质水苔。

借助锥形打孔器在水苔上打一个手指般粗细的小洞。

选取一株健康且无病虫害的多肉植物定植起来。

继续在水苔上打洞，植入颜色不同的莲座状多肉植物。

将相框顺时针旋转90°，在相框上方植入“乌木”，注意根据种植空间大小来选择合适的株型。

在相框中间种上长势较好的多肉植物，最好选取一些根系较长的品种。

将雪莲定植在相框中，如果不好固定，可再取些水苔塞紧根部。

在相框右下角种上“莎莎女王”，种植前可先摘掉植株下面老化的叶片。

在相框正下方植入群生的“蓝姬莲”，带有花苞则显得更出彩。

在相框上方植入迷你的“白牡丹”，可直接砍头再种植进去。

将相框逆时针旋转90°，平放。这样一个独具匠心又魅力十足的多肉相框就完成了。

最后用橡皮气球吹掉相框和多肉叶片上的碎屑及浮土。

需要注意那些事

1.这款水泥材质的相框底部有排水孔，不会因积水造成根系腐烂，甚至比木质相框更为耐用，所以非常适合用来种植多肉植物。

2.在组合完所有的多肉植物后，不要急着搬动它，先平放在阴凉的通风处养护1～2周再见光，浇水要遵循“干透浇透”的原则，待植株根系长牢且不会掉落时再竖立起来。

“肉肉”小课堂Q&A

Q 组合好的多肉植物渐渐长大，眼看就要爆盆，那么，什么时候适合换盆呢？

A 换盆后的多肉植物一般比较脆弱，春末夏初温度非常适宜，换盆后，多肉植物能得到很好的恢复，这时适合换盆。如果秋季换盆，那么脆弱的多肉植物就必须经受严冬的考验，这对它来说非常困难，除非换盆后放入有取暖设备的室内进行养护。

萌“肉”×木框，邂逅浪漫文艺风

森系少女总想把自己的家打造得格外与众不同，但却又不知该用什么来装饰，不如试试这款多肉植物和木框的创意组合吧，不仅能让文艺气息布满全屋，植物释放的氧气还会给你真正的元气与活力！

品种推荐

①灵影②绿爪③花月夜④奶油黄桃⑤苯巴蒂斯⑥蒂亚⑦雪域蓝巴黎⑧婴儿手指⑨蓝精灵⑩朱砂痣。

材料与工具

1.绿色木框。独特的色彩能为简约的居家环境增添一丝春意。

2.水苔和缓释肥。水苔没有太多养分提供给多肉植物，所以适当埋入一些颗粒缓释肥是上上之选。

3.镊子。固定多肉植物时，镊子绝对是你的好帮手，注意动作要轻柔，别弄伤了植株的根系。

多肉组合Step by Step

上 左 右 下

准备一个长方形的绿色木框，用铁丝网固定住适合种植多肉植物的三角区域。

选取高品质的干燥水苔，用水泡软后挤去多余的水分，然后塞入这个三角区域。

用手将水苔压实，再借助镊子将三角区域一端的水苔拨弄松散，然后植入长有侧枝的“蒂亚”。

在“蒂亚”旁边用同样的方法植入长势较好的“雪域蓝巴黎”。

在“雪域蓝巴黎”旁边种上“苯巴蒂斯”，可灵活使用镊子等工具。

沿着木框边缘再植入“朱砂痣”，组合时可种得紧凑一点。

将群生的“奶油黄桃”种在木框右下角，注意不要碰伤幼嫩的叶片。

在“奶油黄桃”上方植入“蓝精灵”，由于空余处不大，所选多肉植物都属于娇小型。

在木框上方种上双头“绿爪”，组合时可先摘掉老化的叶片。

在剩余的空隙里种上“灵影”和“婴儿手指”，然后取些水苔将根系处塞紧。

待木框中的多肉植物生根后，选取一小盆漂亮的多肉植株备用。

先将木框竖起来，再把多肉盆栽放在木框下方，正好与上面的多肉组合相呼应，显得漂亮极了。

需要注意那些事

1. 同样需要平放养护直至多肉植物生根后才能立起。如果是摆放在缺乏日照的室内，可通过开窗通风、春秋季节将多肉相框搬到窗台外露养、适当地控水等方法来改善生长环境。另外，也可以换一些比较耐阴的品种，比如玉露、十二卷类。

2. 无论是多么适合种在一起的多肉植物，也需要在半年至一年内进行翻盆修剪，不然一定会因为生长因素导致部分多肉植物不健康甚至死亡。

“肉肉”小课堂Q&A

Q 这个冬天太冷，放在室外的多肉植物都冻伤了，该怎么办？

A 你需要检查多肉植物冻伤的程度，如果整个植株受冻腐烂，叶片有水渍状斑点，那么很抱歉，已经无法挽救。若只是部分冻伤，仍保有绿色的茎叶，可以将其受冻部分剪掉，再摆放在通风干燥处晾干，待剪口干燥后，放置在干燥的沙面上，让其生根并萌生“小肉肉”。

Chapter 4

多肉新娘花束：给你一场独一无二的婚礼

“小仙肉”跨界演绎“森系新娘Style”

外观精巧的多肉植物，以其旺盛的生命力和独特的艺术气息，赢得了许多时尚新人的喜爱。用自然界的“小仙肉”来打造一场独一无二的森系婚礼，定能成为许多人铭记一生的浪漫场面。那么，究竟该如何跨界将它们设计成婚礼元素呢？

手捧花中最常见到多肉的身影

要想在婚礼上备受瞩目，加入多肉植物的手捧花就再适合不过了。用外表坚硬的多肉与柔嫩的鲜花搭配制作成手捧花，就好像男人与女人，虽是一刚一柔两个截然不同的个体，却完美和谐地组合在一起。

制作手捧花所选择的多肉植物多以景天科石莲花属、莲花掌属的品种为主，这些多肉植物的叶片呈莲座状排列，看上去就像盛开的花朵一样。

多肉植物是制作婚礼胸花的上佳花材

由于多肉植物比较耐旱，不像鲜花那样易损，所以也是胸花设计中的“常客”。在森

林风、田园风和户外自然主题的婚礼中，多肉植物常与雏菊搭配制成胸花，会给人特别清新自然的印象。

此外，选择叶色鲜艳的小型多肉植物，用来制作新郎、新娘的胸花最为合适。

多肉饰品让你仙到没朋友

当多肉被做成饰品后，竟然可以美到逆天！手镯、戒指、项链、发饰，当它们与多肉植物相遇后，成了一道异常美丽的风景。

制作多肉饰品建议选用小型的多肉植物品种，配上白色或粉色的小型鲜花，如铃兰、雏菊、满天星等都是不错的选择。此外，多肉植物的种类最好不要超过三种，颜色也不要太跳。

多肉也能成为婚礼布景的装饰

多肉植物还可以融入婚礼的每个角落，餐桌、仪式背景、签到台……只需简单地点缀一下，便能让人过目难忘。

将多肉植物和铁艺、木质的花盆组合成单个的桌摆，能很好地烘托婚礼的浪漫氛围。此外，还可以在桌签夹、餐巾扣等细节之处使用多肉植物，或作为椅背装饰，也能给人别出心裁的感觉。真是只有你想不到，没有多肉植物们做不到的。

少女心爆棚！承载人生的幸福手捧花

新娘手捧花不仅是婚礼上备受瞩目的焦点，还有着传递幸福的寓意。如果不想采用千篇一律的鲜花，那就不妨自己动手来制作一束造型别致的多肉手捧花吧！这种多肉手捧花无需太过奢华，其隐隐流露的简约大气更能体现新娘的优雅之美。

品种推荐

制作手捧花需选取一些株型较大且根茎较长的多肉植物，如红边月影、奥普琳娜等。

材料与工具

1.铁丝和绿胶带。由于多肉植物的茎秆都比较短，可使用铁丝和绿胶带来延长它的长度，一般在10～15厘米左右即可。

2.少许花材。为使花束显得更有层次和质感，可搭配少许鲜花，如玫瑰、孔雀草等。

3.装饰材料。可选用带着薄纱质感的粉色丝带来扎起花束。

花束组合Step by Step

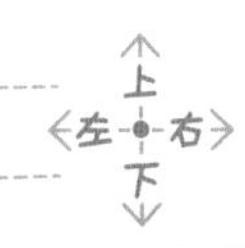

由于多肉植物的根茎太短，要制作成手捧花就需要用细铁丝将其延长至10～15厘米。

将细铁丝尽量靠近多肉植株的根茎处，再用绿胶带缠绕起来。

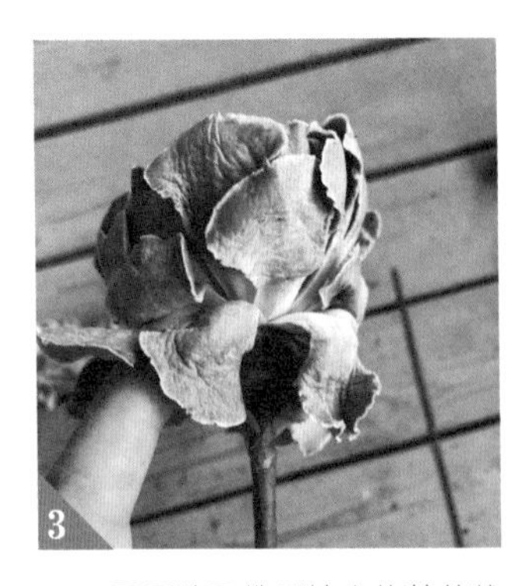

尽量选取株型较大的莲花状多肉植物，并摘掉老化或枯萎的叶片。

有些多肉根植物茎太短，在缠绕绿胶带时要尽量多缠几圈。

如果担心伤害到多肉植物的根系，可在根系上包上纸巾再进行缠绕。

若选择盆栽的多肉植物来制作手捧花，脱盆时要注意清除根系上的土壤。

用绿胶带将细铁丝和多肉植物根系紧紧地缠绕在一起直至固定。

选取一些漂亮的花材来搭配多肉植物，如“粉玫瑰”“孔雀草”等。

将过长的花梗剪短，并与绑上细铁丝的多肉植物组合在一起。

10

再次使用绿胶带将多肉花束固定在一起。

11

选取薄纱质地的粉色丝带缠绕在花梗上。

12

尽量用丝带多缠绕几圈，最后打个漂亮的蝴蝶结。

需要注意那些事

1. 在选择用来制作花束的多肉植物时，以叶片形状接近花朵且不易掉落的为主，然后留至少1～2厘米的茎秆剪下，没有茎秆的多肉是无法固定的。

2. 砍头和修剪并不会影响多肉植物的生长，使用过后的多肉植物一样可以种下；而修去主枝后留下的茎秆，会很快长出侧芽。

“肉肉”小课堂Q&A

Q 制作手捧花束时摘掉了好些多肉植物的叶片，听说叶插也可以成活，是真的吗？

A 是的。多肉植物的叶片摘下后，一定要晾置2～3个小时，让伤口的汁水收干，再放在湿润的介质上，不久叶片上便会长出新的根系。收伤口的过程十分重要，这样做可以有效防止细菌、病毒的侵入。

燃情花束，收获金秋爱的果实

漫天飘叶的季节常常是爱情找到归宿的时刻，不同于春夏生机勃勃的画面，秋天的画风应该更具有成熟的稳重感，所以在为秋日新娘打造手捧花时，可以添加暖色系的秋菊和红浆果，象征爱情已经丰收。

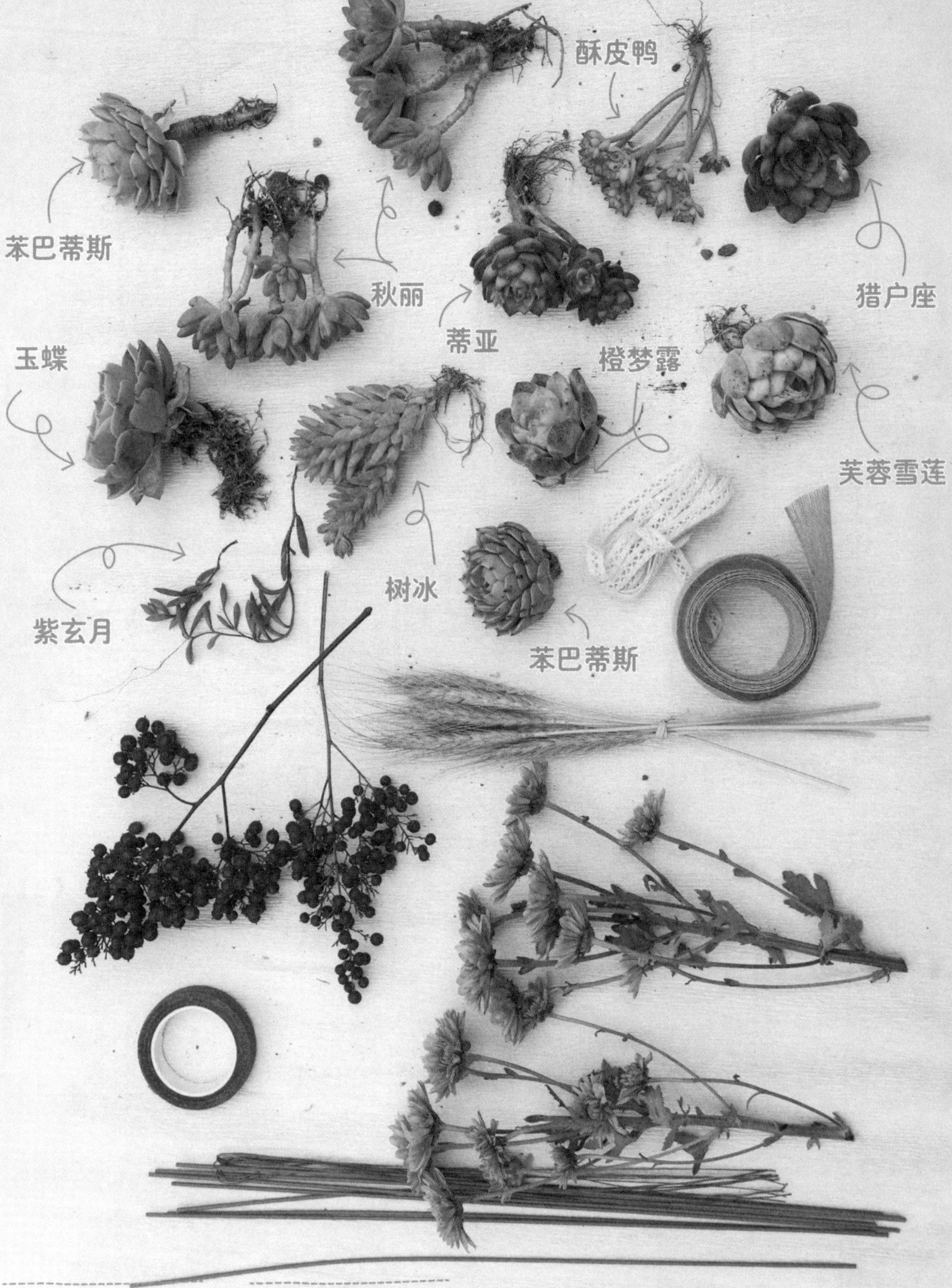

品种推荐

蒂亚、苯巴蒂斯、酥皮鸭、芙蓉雪莲、秋丽、树冰、紫玄月、玉蝶、猎户座、橙梦露。

材料与工具

1.铁丝和绿胶带。这是制作花束不可缺少的工具，用绿胶带将铁丝绑在多肉植物上，就能延长其长度。

2.少许辅助花材。用金灿灿的秋菊、干麦穗和红浆果搭配多肉植物，可以营造出温馨十足的视觉氛围。

3.装饰材料。用质朴的麻质包装带和蕾丝花边来固定，能使花束显得更为惊艳动人。

花束组合Step by Step

选取一株根系稍长的莲座状多肉植物，用细铁丝小心缠绕并使其延长。

如果怕伤到多肉植物的根茎，可用纸巾包裹起来，再用绿胶带固定。

用同样的方法将选好的多肉植物和花材全部延长至同样的长度。

选取两株不同色系的多肉植物，搭配上几株金色的秋菊。

往花束里增添绑好的“树冰”和红色野果，注意用手握紧花束。

继续添加多肉植物和花材，同时注意相邻植株的颜色搭配。

手捧花显得特别饱满丰盛。

用麻质丝带将所有的铁丝包裹起来，小心不要碰到多肉植物叶片。

最后用丝带打一个漂亮的法式蝴蝶结并系在手捧花上即可。

需要注意那些事

1. 如果没有铁丝，就改用细树枝来代替。要是担心在捆绑的过程中伤害到多肉植物，可以先用纸巾包裹住植株的茎秆，然后把树枝尽量靠近多肉底部的叶片，以保证绑扎后能够固定。

2. 不是所有的多肉植物都适合用来制作手捧花，有的虽然外形好看，但是凑近闻却有一股怪味，比如“紫羊绒”，捧在手上让人感到不适，所以应尽量避免。

“肉肉”小课堂Q&A

Q 从朋友的婚礼上带回了一束多肉手捧花，想让它重新生长该怎么做呢?

A 可以把手捧花拆开，去掉胶带和铁丝，剔除开始腐烂的部分叶片，然后放在通风处晾干。几天后再把多肉植物安置回花盆，只要有充足的阳光和适宜的温度，它们一定会恢复生机，延续生命。

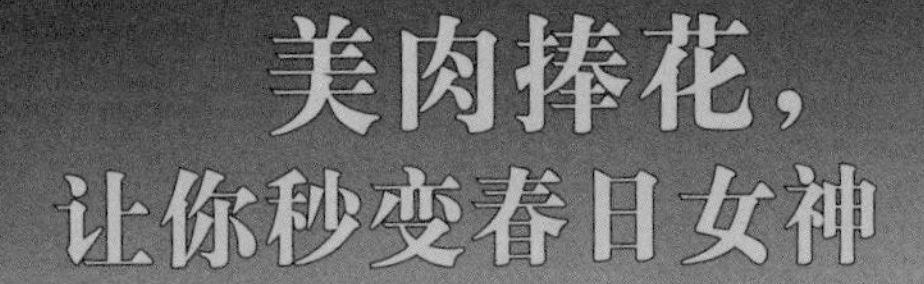

绽放的多肉植物，有着丰满的生命姿势，不过火抢眼，又足够吸引人。在颜色众多的鲜切花当中，它超萌的模样就像春日微风，带给人一抹淡淡的清爽。如果你爱上了多肉植物，那就赶紧用它来做一束浪漫婚礼的手捧花吧！

品种推荐

蒂亚、蓝精灵、蓝色惊喜、草莓冰、猎户座、奥普琳娜、雪爪、莎莎女王、花月夜。

材料与工具

1.铁丝和绿胶带。多肉植物的根茎大都较短，要想扎成花束，就需要用绿胶带和铁丝帮助其增加根茎长度。

2.少许辅助花材。用嫩绿的多肉植物搭配少许漂亮的鲜花，如绿玫瑰、雏菊和尤加利叶等，更能凸显自然、简约的婚礼主题。

3.装饰材料。麻质丝带和白色蕾丝很适合用来绑扎具有小清新风格的手捧花。

花束组合Step by Step

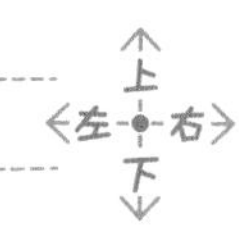

选取一株根茎较长的多肉植物，将细铁丝小心地缠绕在上面。

用绿胶带紧紧缠绕在绑有细铁丝的根茎上直至其完全固定。

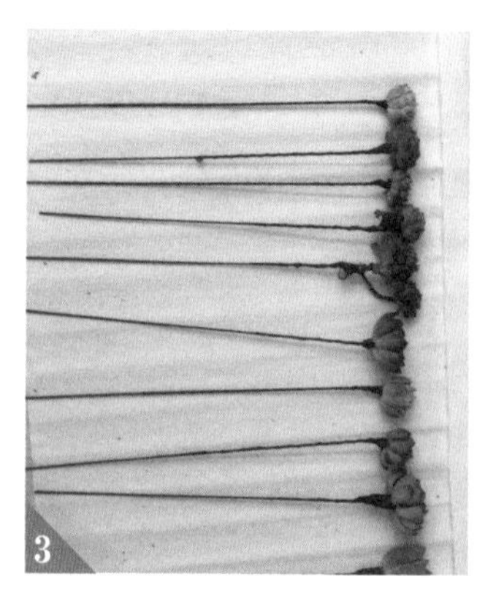

将所有用来制作手捧花的多肉植物用同样的方法一一绑好。

选取漂亮的绿玫瑰，剔除花刺并截短花梗，直至与多肉植物长度相齐。

将其余辅助花材上的叶片摘掉，只留下长度与多肉植物一致的花梗即可。

拿起绑好的多肉植物，开始与绿玫瑰组合，注意捏紧花梗与细铁丝。

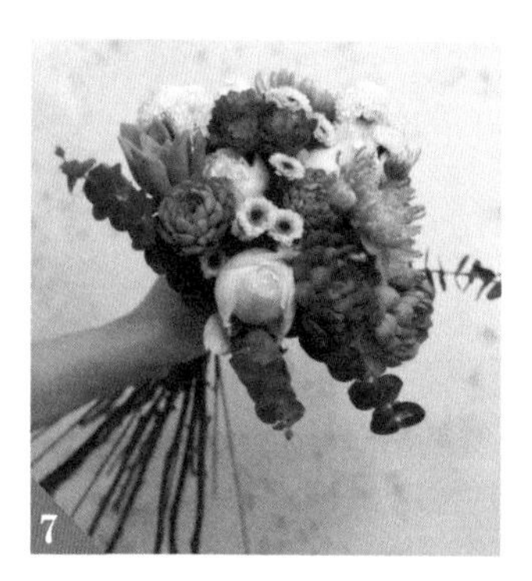

将所有的辅助花材与多肉植物组合起来，若觉得稍显单调，还可以添加少许尤加利叶。

用麻质宽丝带将花梗和细铁丝紧紧地缠绕起来，直至花束尾端。

最后用麻质丝带和白色蕾丝花边打个蝴蝶结并系在手捧花上即可。

需要注意那些事

1.用于制作新娘捧花的多肉植物以景天科石莲花属、长生草属、风车草属、莲花掌属的品种为主，如观音莲、黑法师、红粉台阁、胧月等，因为这些植物叶子呈莲座状排列，叶色也比较丰富。另外，还可以点缀一些小型多肉植物，如星美人、冬美人等，会使花束显得更为丰富。

2.春秋两季是多肉的生长旺季，也是状态最好的时候，所以若想举办以多肉植物为主题的婚礼最好将时间定在春季或秋季，这样用来制作花束的多肉植物在使用完毕后也能继续很好地生长。

"肉肉"小课堂Q&A

Q **露养的多肉植物突然遭到了夏日午后暴雨的袭击，该怎么挽救呢？**

A 如果淋了热雨后又立刻暴晒，多肉植物很可能会染上黑腐病，挽救的方法是用比较凉爽的自来水浇一遍，同时放置在阴凉处，尽量避免暴晒。如果家里养了鱼，也可以在浇水时往水壶里放一片能使鱼缸内水体增氧的小药片。给多肉植物浇上富含氧气的水，基本上它们就不会黑腐了。

婚礼发饰，从头绽放一世芳华

鲜花头饰已经不能满足有些新娘的需求了，随着多肉植物的深入人心，她们开始要求将喜欢的多肉植物与鲜花组合制成头花发饰，没想到多肉发饰一面世就吸睛无数。如今，用多肉植物打造创意新娘头饰也成为了流行的服饰时尚元素。

品种推荐

①雪域蓝巴黎②奶油黄桃③花月夜④神童⑤灵影⑥棱镜⑦婴儿手指。

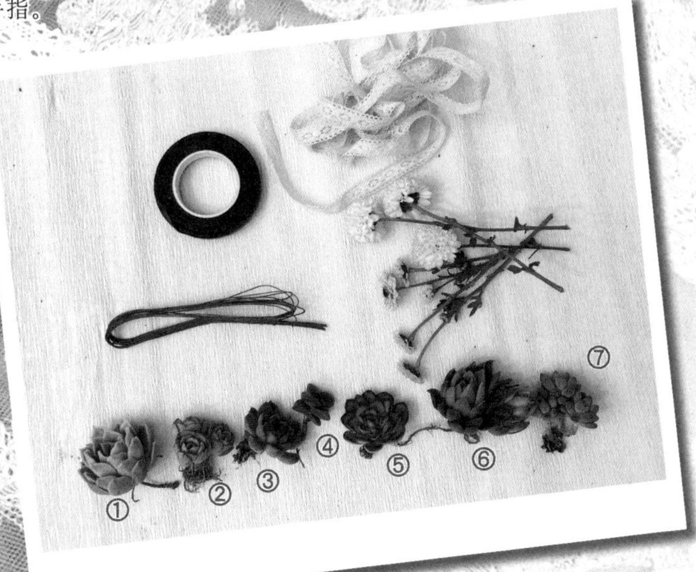

材料与工具

1.铁丝、绿胶带和剪刀。用绿胶带将铁丝固定在多肉茎秆上，然后剪去多余的部分。

2.少许辅助花材。用黄白色系的雏菊搭配多肉植物制成头饰，非常适合自然简约的婚礼主题。

3.装饰材料。用白色蕾丝花边装点整个多肉头饰，显得清新又不落俗套。

花束组合Step by Step

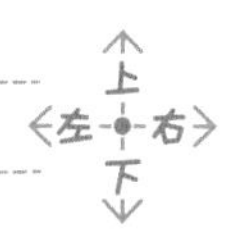

选取一株莲座状多肉植物，将细铁丝小心地缠绕在其根茎处。

使用绿胶带从根茎处开始缠绕，直至铁丝完全固定。

选取一株长有老桩的“婴儿手指”，用同样的方法将其延长。

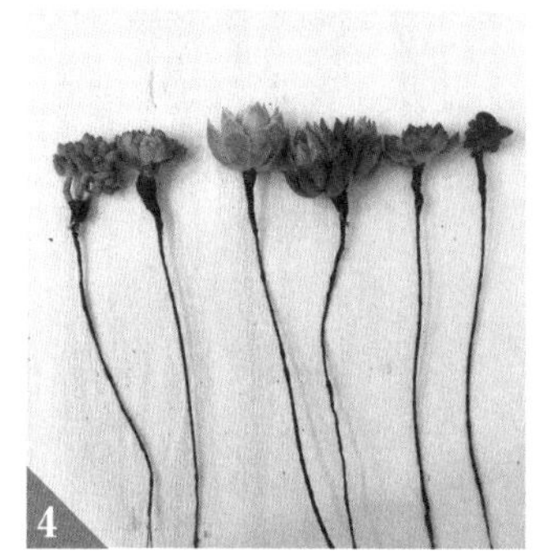

将所有事先选好的多肉植物都用绿胶带绑上细铁丝使其茎秆延长。

选取一株白色的小雏菊，如果担心花因缺水而干枯，可用湿纸巾包裹在花梗处。

用同样的方法再处理几株白色小雏菊和黄色小雏菊。

选取一些带有叶柄的叶片，制作的发饰上搭配叶片，会显得层次更丰富。

将铁丝小心地缠绕在叶柄上，注意不要碰伤叶片。

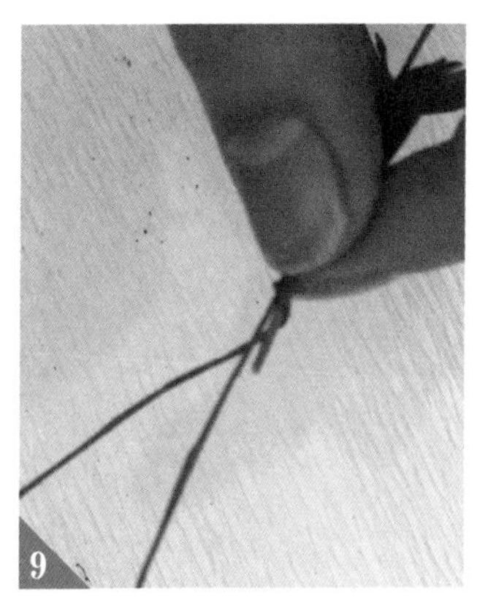

在叶柄的末端用细铁丝多缠绕几圈，直至完全固定。

将绿胶带一圈一圈地缠绕在绑了铁丝的叶柄上，然后放在准备好的多肉植物、雏菊旁边开始组合。

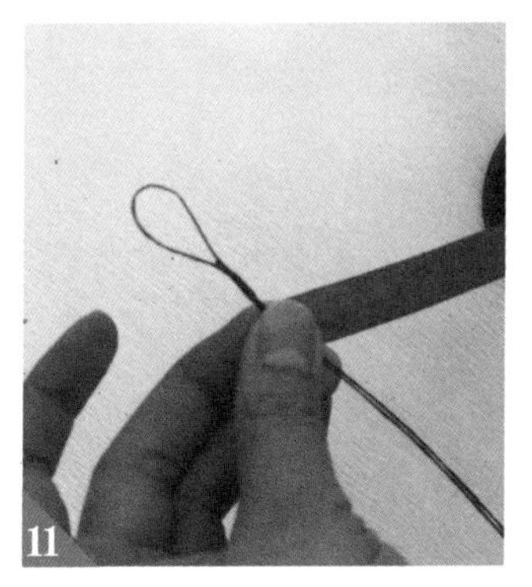

取一根细铁丝对折，中间形成一个圈，然后用绿胶带将细铁丝下端缠绕起来。

把这个带圈的细铁丝和带有叶柄的叶子组合起来，并将下面的铁丝扭在一起。

选取黄色的雏菊组合进来，同样要将下面的铁丝缠绕在一起。

选取“奶油黄桃”继续组合，注意组合时不要平齐，应向下交错叠放。

继续组合剩下的多肉植物、雏菊和叶片，直至形成足够的长度。

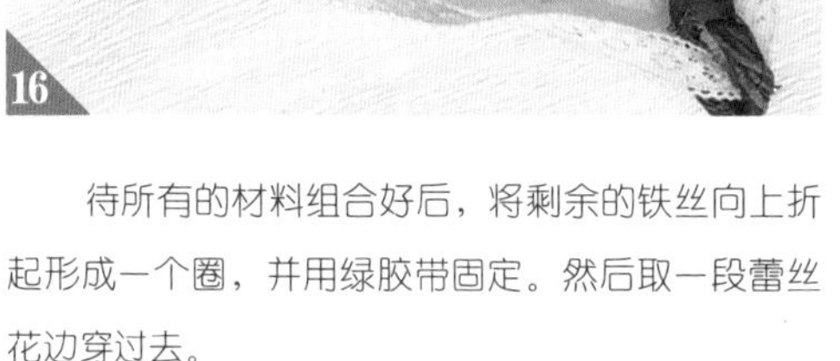

16

待所有的材料组合好后，将剩余的铁丝向上折起形成一个圈，并用绿胶带固定。然后取一段蕾丝花边穿过去。

17

同样再取一段蕾丝花边穿过上面的圈，将两端蕾丝花边系在一起，就成了漂亮的花环头饰。

需要注意那些事

1.多肉植物的生存能力向来很强，即使离开花盆也能存活一段时间，所以用多肉植物制作的饰品在空气湿度适宜的情况下大约可以佩戴1～2周，如果发现叶片变软甚至干瘪了，要及时将它们从饰品中移植出来，这样多肉植物才能重新生根并好好地继续生长。

2.用绿胶带缠绕铁丝和多肉植物根茎时动作尽量轻柔一些，千万不要把铁丝直接从中心穿在多肉植物的茎秆上，这会对植株造成损伤。

"肉肉"小课堂Q&A

Q 多肉植物叶片底部长出了好几个小苗，需不需要处理？

A 一般来说这种情况可以不用管，但如果是在闷热的夏季，底部叶片又太多，就很容易把小苗给闷死。这时应该将压住小苗的叶片轻轻掰掉，只有让空间变大，小苗才能生长得更好，相信不用多久就能变成传说中的群生模样啦！

绿意插梳，
佩戴在发间的爱之符号

比起养一盆多肉盆栽，越来越多的肉友开始尝试把多肉植物戴上身，尤其是在婚礼、蜜月这类浪漫特殊的日子里，每一件用株型娇小的多肉植物打造的别致首饰，都是独一无二的存在，几乎没有哪个爱美的女孩能够拒绝。

品种推荐

①球松②白牡丹③酥皮鸭④秋丽⑤蓝石莲。

材料与工具

1.细铁丝和剪刀。由于多肉植物的根茎大多比较短小，所以需要将细铁丝缠绕在上面以便造型。

2.装饰材料。可在网上购买黑色插梳，然后将多肉固定在上面。

花束组合Step by Step

将细铁丝小心地缠绕在准备好的多肉植株上，注意不要碰伤叶片。

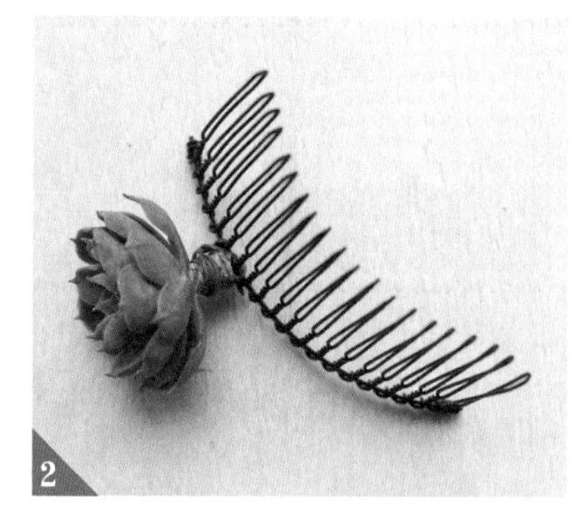

选取一株较大的莲座状多肉植物固定在黑色发插上，然后剪去多余的铁丝。

将株型迷你的“酥皮鸭”固定在黑色发插的一端，形成大小差异。

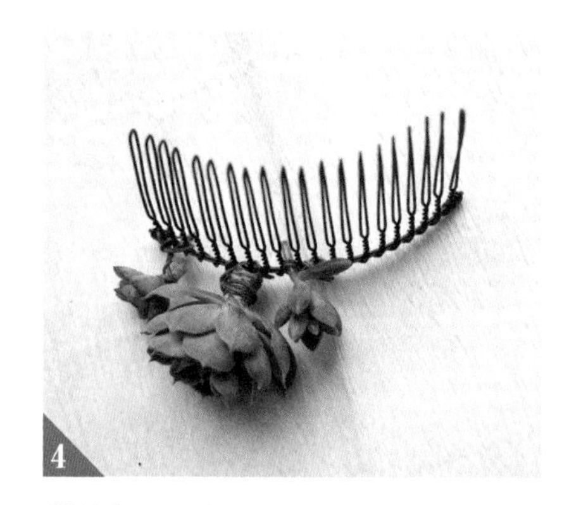

继续在黑色发插上缠绕一株同样娇小的多肉植物。

5

将翠绿的球松绑扎在黑色发插上，形成一种垂吊感。

6

最后在黑色发插尾端再固定一株迷你的莲座状多肉植物。

需要注意那些事

1.黑色插梳上可供多肉植物组合的空间有限，所以需选取一些株型比较迷你的莲座状植株。如果觉得用细铁丝造型显得不够美观，也可以改用造景专用的植物胶直接将多肉粘在发插上。

2.用多肉制作的头饰可供佩戴的时间不长，如果空气湿度足够，可维持约两周左右，一旦发现多肉状态不佳，需立即取下并移栽到花盆中。

“肉肉”小课堂Q&A

Q 养了一段时间的多肉植物根部抽出了侧芽，而且越长越大，花盆几乎容纳不下了，该怎么办？

A 可以进行分株繁殖。分株前需保持盆土干燥，根会变得柔软且不易折断，然后脱盆并清理掉附着的泥土，将母株旁边的幼株从自然生长的间隙处小心掰下，伤口上可抹点硫磺粉、木炭粉或多菌灵等药物进行消毒，然后放在阴凉通风处晾干，待伤口愈合后就可以上盆了。

项上精灵，聆听101次心动的告白

婚礼上大多数新娘都会选择钻石项链和白金耳环作为装点，但森系新娘是绝对不喜欢这种奢华造型的，贴近自然的清新感才是她们的终极目标，所以作为标准的森系软妹，你一定少不了一条创意十足的多肉项链！

材料与工具

品种推荐

灵影。

1. 铁丝和绿胶带。用绿胶带和铁丝来延长多肉植物和其他花材的长度，以方便造型。

2. 少许辅助花材。甜美的小雏菊最合适森系新娘打造清新文艺范儿。

3. 装饰材料。白色的蕾丝花边可谓百搭品，用来点缀多肉项链效果不错。

花束组合Step by Step

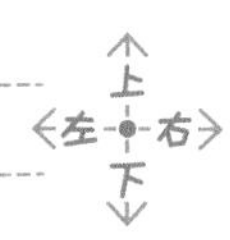

选取一株莲座状多肉植物，用细铁丝缠绕在根茎处使其延长。

继续用细铁丝将白色雏菊和黄色雏菊延长至同样的长度。

如担心雏菊会因缺水而枯萎，可以在花梗处包裹上湿纸巾。

用绿胶带将铁丝捆绑处小心地缠绕起来，注意不要碰掉叶片或花瓣。

将处理好的多肉植物与黄色小雏菊组合起来，并将下面的铁丝扭在一起。

选取白色小雏菊，用同样的方法组合起来，注意多肉植物和花材要平齐。

用绿胶带小心地将下面的铁丝全部缠绕起来。

用剪刀剪去多余的铁丝，并将其向上折叠形成一个小圈，然后再用绿胶带固定。

取一段白色蕾丝花边穿过小圈，然后再取一段蕾丝花边在小圈上方系个漂亮的蝴蝶结。

需要注意那些事

1.如果选取的多肉植物茎秆太短，可以小心摘下最下层多余的叶片，保持顶端花朵般的形状。注意手法要轻柔，可轻轻旋转后再拧下，以减少叶片的损伤，因为这些叶片还可以用来叶插，以培育新的植株。

2.用多肉植物来制作项链，品种不需要太多，选取一两种长势较好的且叶片不容易掉落的即可。佩戴时也要尽量温柔点，以免破坏了造型。

“肉肉”小课堂Q&A

Q 我是多肉植物新手，适合种植什么品种?

A 景天科多肉植物色彩丰富、外形讨喜且大部分品种价格便宜、养护简单，所以最适合新手种植。刚买回来时，应先检查一下植物是否健康，如果有腐败迹象，需要除去腐败的叶片、茎秆，晾干后再种。种植的季节以秋冬季节为最佳，景天科青锁龙属的植物不建议春末夏初的时候种植。另外不建议和仙人掌科、番杏科的多肉植物混合种养。

缠绕新娘腕间的恋恋风情

每个新娘都曾渴望在婚礼上成为公主，但公主却不一定要有水晶皇冠！其实一个小小的多肉手腕花就可以满足你的“公主梦”。将这样一件别出心裁的绿色首饰佩戴起来，就仿佛把春天戴在了身上。

品种推荐

①棱镜②奶油黄桃。

材料与工具

1.铁丝、绿胶带和剪刀。由于多肉植物和鲜花植物的根茎比较短小柔软，所以需用绿胶带将铁丝绑在植物根茎处，一是为了延长长度，二是方便造型。

2.少许辅助花材。选用与制作项链相同的雏菊，以免花色太杂而显得喧宾夺主。

3.装饰材料。依旧沿用百搭的白色蕾丝花边。

花束组合Step by Step

选取一株长势较好的多肉植物，将其剪去根部，只留茎秆及叶片，将细铁丝小心地缠绕在根茎处，并用绿胶带固定。

选取几朵淡雅的雏菊，用同样的方法将其延长。

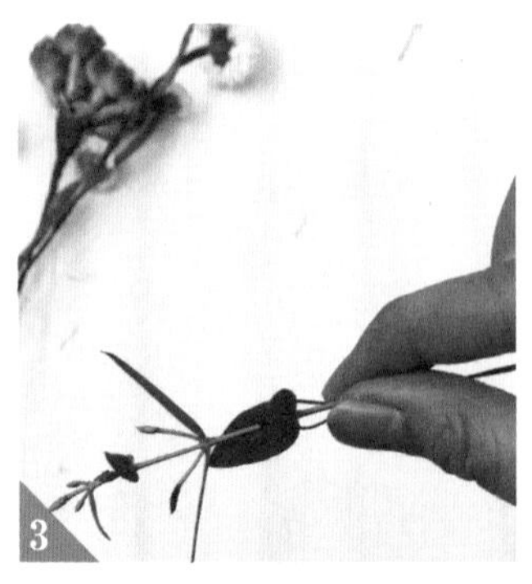

选取一些带有叶柄的叶片，将对折的铁丝贴在叶柄处。

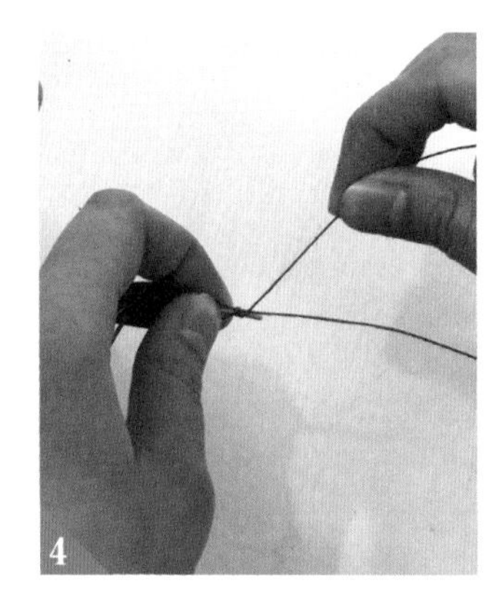

用手拿起铁丝的一端小心地缠绕在上面，注意不要碰伤叶片。

用绿胶带将叶柄上的铁丝缠绕处包裹起来，使其完全固定。

继续用同样的方法处理剩下的叶片和多肉植物。

选取一株处理好的叶片和白色雏菊、黄色雏菊进行组合，注意下面的铁丝要扭在一起。

将一株处理好的多肉植物也组合在一起，并用绿胶带使其固定。

用剪刀将多余的铁丝剪去，留6~8厘米的长度即可。

用同样的方法将剩下的一株多肉植物和花材组合成小花束。

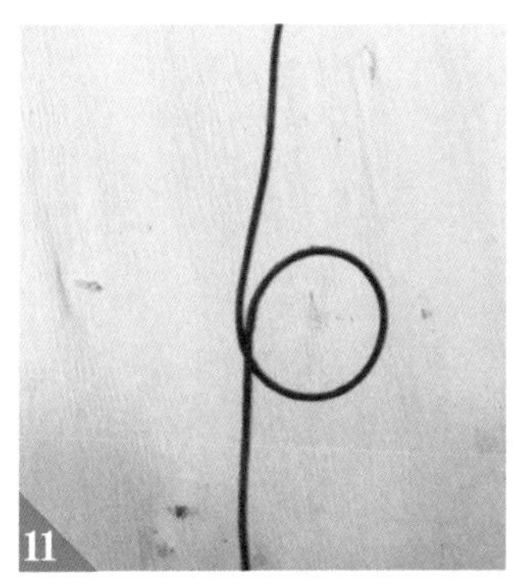

取一根细铁丝，在中间绕一个圆圈。

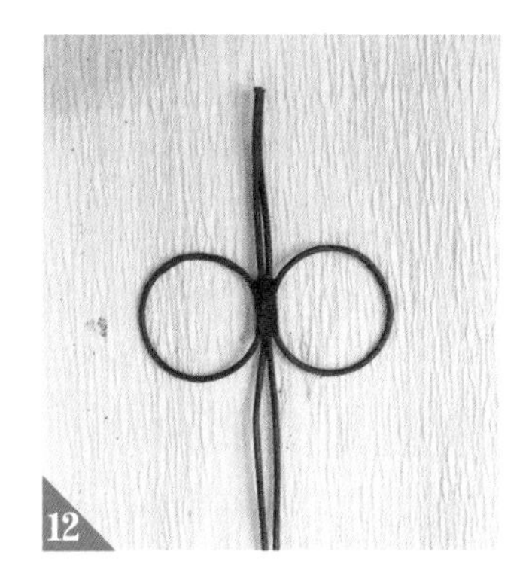

再取一根细铁丝绕个圆圈，将两个圆圈用绿胶带固定住并剪去两头多余的铁丝。

取一段白色蕾丝花边放在铁丝上，用绿胶带将其固定在两个圆圈中间。

将之前处理好的多肉小花束穿过一个圆圈，并用绿胶带将其固定。

将剩下的多肉小花束倒着穿过另一个圆圈，同样再用绿胶带固定即可。

需要注意那些事

1.在选择多肉植物制作手腕花时品种也不宜多，一般有一两种即可，搭配的鲜花最好和其他配饰上的一致。如果没有对应婚礼主色调的花材，不妨选择同色系相近颜色的鲜花。比如绿色主题，可以搭配黄色或白色花朵，然后多用零散的绿叶来搭配。

2.多肉手腕花在佩戴时还有一些讲究，比如戴腕花的手应该和婚礼仪式上戴婚戒的手一致，皆为左手。

“肉肉”小课堂Q&A

Q **想给多肉植物施肥，那选择什么样的缓释肥最适合呢？**

A 应选择含氮量最低的缓释肥，因为氮肥常被称为叶肥，特点是让叶子变大变绿，对蔬菜来说很重要，但对多肉植物没什么价值，反而影响上色效果，过多还会导致徒长并滋生白粉病、介壳虫等。施肥的时候以小方盆为例，选取5～10粒插个小孔埋进去即可。

“肉质”胸花，开启四季梦幻恋曲

相传古代的欧洲，男孩向心仪女孩求婚时往往会献上一束鲜花，如果女孩摘下其中最美的一朵戴在男孩胸前，就表示她接受了男孩的求爱。这便是胸花的由来。现如今，许多新人喜欢将多肉植物当做胸花的首选“对象”，因为它能为婚礼带来一股与众不同的时尚气息。

品种推荐

花月夜、冰莓、砂糖、橙梦露、草莓冰、蒂亚、雪莲。

材料与工具

1.铁丝、绿胶带和剪刀。由于多肉植物大多根茎较短，所以需要用铁丝和绿胶带来将其延长。

2.少许干花花材。搭配少许干花如麦穗、野果、叶片、黄金球等，能使胸花造型显得丰富而别致。

3.T型胸针和麻绳。为了方便佩戴，可将T型胸针固定在多肉植物上，再用麻绳装饰一番。

多肉胸花组合一

胸花组合Step by Step

选取一株莲座状多肉植物，将细铁丝小心地缠绕在其根茎处。

再选取一株更为娇小的多肉植物，同样用细铁丝缠绕在根茎处。

选取一株干麦穗，用细铁丝绑扎在细梗上使其延长。

选取一株黄金球，继续用细铁丝缠绕在细梗上。

将所有准备好的多肉植物和干花花材都用同样的方法进行处理。

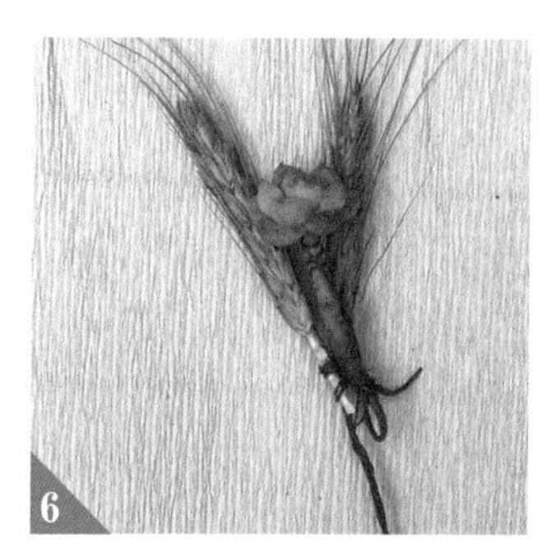

将较娇小的多肉植物和两株干麦穗组合，多肉植物要置于干麦穗中间。

继续组合剩下的多肉植物和黄金球，注意下面的铁丝要扭在一起。

使用绿胶带一圈一圈地缠绕在铁丝上直至完全固定，然后用细麻绳缠绕在绿胶带上作装饰。这样一束漂亮的胸花就完成了。

多肉胸花组合二

胸花组合Step by Step

选取一株莲座状多肉植物，将细铁丝小心地缠绕在其根茎处。

选取一支兔尾巴草，将细铁丝缠绕在草梗处使其延长。

继续用细铁丝小心地缠绕在尤加利果的果梗处。

选取两支用细铁丝绑扎好的兔尾巴草进行组合。

将处理好的多肉和兔尾巴草组合，下面的铁丝扭在一起固定。

将两个处理好的尤加利果也组合在一起，显得层次更丰富。

用绿胶带一圈一圈地缠绕在铁丝绑扎处，直至完全固定。

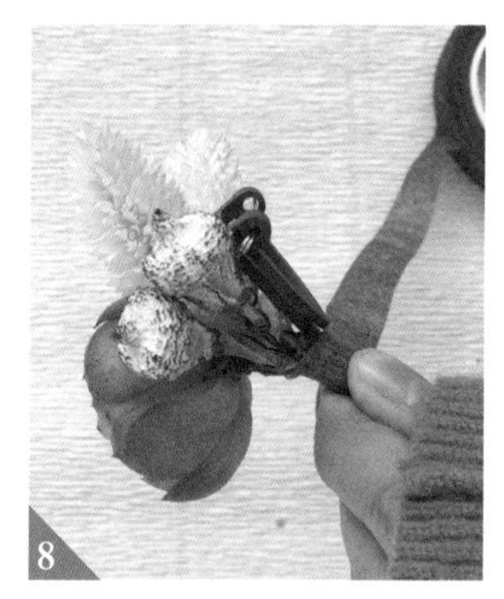

为了方便佩戴，可将T型胸针用绿胶带固定在胸花背面。

最后用细麻绳装饰在绿胶带缠绕处，这款胸花就制作完成了。

多肉胸花组合三

胸花组合Step by Step

选取一株娇小的“雪莲”，将细铁丝穿进最下层叶片中间。

将细铁丝小心地扭转在一起，注意不要碰伤多肉叶片。

选取一些银白色的干叶片，同样用细铁丝缠绕在叶柄处。

将事先准备好的花材全部用细铁丝缠绕起来使其延长。

将“雪莲”作为主花，白色叶片放在主花后面进行组合。

使用绿胶带将铁丝缠绕起来，并将铁丝截短至6厘米左右。

为了方便佩戴，可在网上购买一些T形胸针，然后放在胸花背后，用绿胶带将其缠绕起来，直至完全固定。

最后取一段细麻绳，将胸花下面缠绕起来并覆盖住绿胶带即可。

多肉胸花组合四

胸花组合Step by Step

上 左 右 下

选取一株小巧的莲座状多肉植物，用细铁丝小心缠绕在根茎处。

将所有准备好的多肉植物、叶片和黄金球用同样的方法来延长。

将两片绿色叶子进行组合，下面的铁丝可扭在一起。

在叶片前放上一株小点的多肉植物，同样把下面的铁丝扭起来。

将稍大的莲座状多肉植物放进去，在扭铁丝前注意调整造型。

将两株“黄金球”组合进去，它能使胸花的色彩显得更为丰富。

使用绿胶带将扭在一起的铁丝缠绕起来，注意不要碰伤多肉植物。

如果铁丝太长，可使用专用剪刀将其截短至6厘米左右。

最后在胸花背后放个T形胸针，再用细麻绳缠绕固定。

多肉胸花组合五

胸花组合Step by Step

选取一株娇小的莲座状多肉植物，将细铁丝小心地缠绕在根茎上。

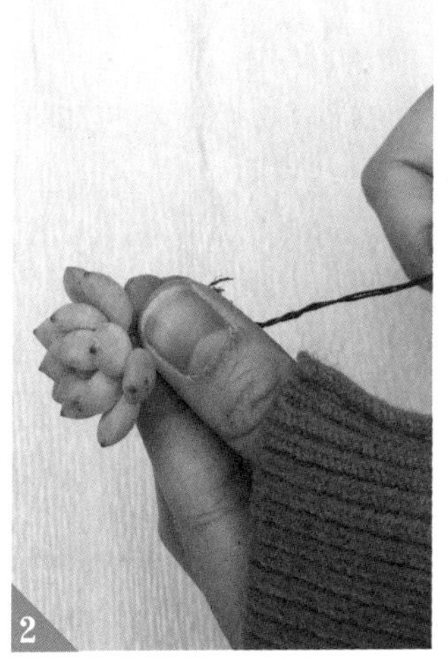

再选取一株不同色系的迷你多肉植物，用同样的方法使其延长。

将事先准备好的剩余花材如叶片、野果，都用细铁丝缠绕起来。

选取三片绿叶开始组合，最好错开叠放，形成一个扇形。

将红色的莲座状多肉植物放在绿叶中间，下面的铁丝可往一个方向扭转固定。

继续组合剩余的多肉植物和野果，在往一个方向扭转铁丝前注意调整造型。

使用绿胶带小心地将细铁丝缠绕起来，直至完全固定。

可以在胸花背后放一个网购的T形胸针，以方便佩戴。

如果缠绕的铁丝太长，可以使用专用剪刀将其截短至6厘米左右。

为了让整个胸花看起来更美观，可用一段麻绳缠绕在绿胶带上。

将麻绳一圈一圈地缠绕起来，直至覆盖住绿胶带，最后可用胶枪喷胶来固定。

需要注意那些事

1. 按照传统英伦绅士的西服着装法则，上衣口袋只能放口袋巾，多肉胸花则须别在西装外套的左领上。考究的西装在左领的位置会有个扣眼，这是专门用来放胸花的。当然，现在也有很多西装是没有这个扣眼的，遇到这种情况，可以将胸花放在西装左领上，花梗垂直向下，对准鞋子的位置别好即可。

2. 要想打造型男老公，你还需要考虑多肉胸花跟他的西装是不是够搭。深色系西装是最不容易出错的，能很好地衬托出精巧的多肉胸花；如果佩戴的领带比较花俏，那么多肉胸花的样式就要设计得更简单一些。

"肉肉"小课堂Q&A

Q 婚礼上一般哪些人需要佩戴胸花？有什么讲究吗？

A 在一场正式的婚礼上，新郎、伴娘、伴郎及双方父母都可以佩戴胸花。新郎的胸花，通常要与新娘手捧花中的主花保持一致。而其他人的胸花，应以简单、小巧为原则，切不可喧宾夺主。

Chapter 5

多肉伴手礼：

很萌很清新的心意

多肉匠打造
小而美的礼物时代

见惯了鲜花朵朵的婚礼现场，你是否期待自己的婚礼会有所不同？那么，用多肉植物打造的婚礼绝对会让你眼前一亮，它甚至可以当做一份独一无二的伴手礼。

中国式人情向来讲究礼尚往来，所以婚礼当天，到场的亲朋好友都会得到一份伴手礼作为回礼，其中最普遍的伴手礼就是喜糖，也有赠送餐具或者蜂蜜的。现今，提倡环保的新人会选择举办以多肉植物为主题的森系婚礼，结束后会将多肉植物作为一份特殊礼物赠送给来宾，真是创意十足。

作为回礼界新晋的“网红”，多肉植物当之无愧。它有着萌萌的枝干、娇小的身形、繁多的品种和清新治愈的颜色，而且寓意着旺盛的生命。婚礼过后，所有的多肉植物只要没有被受过分损坏均可以存活、生长，所以无论是手捧花、胸花还是桌花，都能当做结婚礼物赠送给来宾，哪怕是掉落的多肉植物叶片，也能带回去进行叶插让其发芽。

当然，最好是为客人准备迷你型的多肉盆栽作为回礼。在客人带走前，它们是最佳的婚礼装饰。你也可以在回礼上写上“主人，请带我回家”的字样，这种受重视的感觉想必可以戳中一大片宾客内心最柔软的地方。

多肉微盆栽，
可爱感十足的别致趣礼

结婚的伴手礼准备向来是件很需要花心思的事情，如果礼太大，会认为摆派头，也没有新意；如果礼物小，不特别，也会被认为小气。那么如何做到礼轻情意浓呢？不如精心准备一些可爱的多肉微盆栽，既提倡了自然环保的主题，又能延续婚礼中的浪漫。

品种推荐

斯嘉丽。

材料与工具

1.白色小瓷盆。婚礼伴手礼中的多肉植物很适合搭配白色小瓷盆。

2.胶枪和装饰材料。想将小瓷盆装饰一番，可用胶枪将珠子和网纱粘在上面。

3.种植基质。虹彩石不仅有着很好的透气性，还有较好的持水性和保肥能力，可用来拌土和铺面，是多肉植物土壤改良和盆栽介质佳品。

组合Step by Step

1

准备一个白色小瓷盆和一小块装饰网纱，将网纱折成蝴蝶结并用胶枪喷胶固定在瓷杯上。

2

准备一颗白色的大珍珠，继续用胶枪喷胶将其固定在蝴蝶结中间。

3

往小瓷盆里装入适合种植多肉植物的营养土，直至整个瓷盆的2/3。

4

用锥形打孔器在土壤上打个小孔，再将双头"斯嘉丽"定植起来即可。

需要注意那些事

1.如果选用多肉盆栽作为伴手礼，最好提前2～3周购买，伴手礼一般都是需要自己组合的，因此要预留足够的时间。另外，为防止运输过程中的损耗，尽量在预计的数量上多增加一些。

2.刚带回家的多肉植物要放置在有散射光的通风处，同时注意控水，用尖嘴壶沿着盆边浇很少量的水即可。待多肉植物叶心变绿并适应了新的生长环境后，可正常养护。

“肉肉”小课堂Q&A

Q **我养的多肉植物出现了叶片下翻的状况，就像“穿裙子”似的，该怎么办？**

A 造成这种情况的原因主要有3个：一是光线不足，二是浇水过多，三是施肥过多。所以需要根据实际情况采取措施。缺少光照的，及时补充光照时间；浇水过多的，需要控水；施肥过多的，停肥。只要根系没有腐烂，做到以上几点就能恢复。

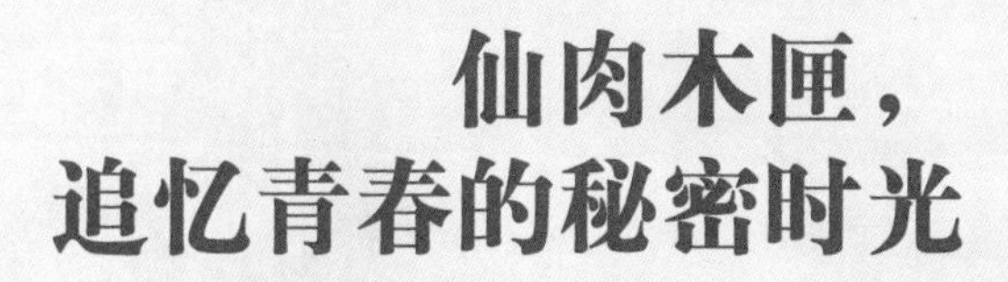

仙肉木匣，追忆青春的秘密时光

越来越多的新婚佳人选择颠覆传统伴手礼，赠予亲友富有生命之礼。那一盒盒生机盎然的小小礼物，既是最直白的祝福——希望你我的情谊如生命一般长久绵亘，又仿佛是在追忆那些值得珍藏的青春岁月。

品种推荐

乌木、冰莓、红宝石、白线、蓝色惊喜、宝莉安娜、娜娜小勾、雪兔。

材料与工具

1.木质方盒。木质的盒子相比陶瓷的透气性要好一些，因而更适合种上多肉植物。

2.专用种植土和水苔。干燥的水苔需用水泡开，然后挤去多余的水分，保持微湿状态即可。

3.镊子。可使用镊子在水苔上打洞并帮助多肉定植。

多肉组合Step by Step

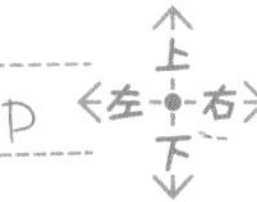

1

如果不想使用千篇一律的纸盒，也可以准备一个高端的木质礼盒。

2

在木盒里先垫一层陶粒，再装上多肉植物专用种植土，最后铺上微湿的水苔。

3

选取一株长势较好的多肉植物种植在木质礼盒的左上角。

4

将“冰莓”和“乌木”定植在木盒里，组合时注意不要伤到根系。

5

可以选取不同色系以及不同大小的多肉植物来进行组合。

6

借助镊子将“娜娜小勾”定植在木盒的右上角。

7

在木盒下方种上群生的“白线”，这会增添一种簇拥的美感。

8

最后根据木盒里剩余的空间大小，选取合适的多肉植物来定植。

需要注意那些事

1. 水苔所含养分不多，虽然可在组合多肉时埋入一些缓释肥，但还是改用土培更有利于多肉植物的生长，可以选用五合一的配土方式，如泥炭土加上鹿沼土、赤玉土、珍珠岩、椰糠混合而成。

2. 由于这款木质方盒没有底孔，如果不方便用电钻打孔，可在盒子底层先铺上陶粒。陶粒能增强排水性，浇水后水分会很快地流到陶粒底部，这样多肉就不会因为积水而烂根了。

“肉肉”小课堂Q&A

Q 多肉植株底部有些老叶子已经干枯得像一张牛皮纸了，可以摘下来吗？

A 老叶子变软、变干后不要提前把它摘掉，等到养分完全消耗殆尽，它自然会凋落的。如果在养分还没完全被消耗之前提前摘掉，等于是加快了另一片叶子凋落的速度。养多肉植物需要耐心，一定不要急于求成。

让人一见倾心的韩式小清新礼盒

如果你对结婚伴手礼还停留在只是发发喜糖的认知上的话，那你就out（过时）了！时下的小清新人士改将多肉植物装进韩式铁盒来赠送给宾客们。如果领回家细心养护一番，说不定还能收获意外的惊喜呢！

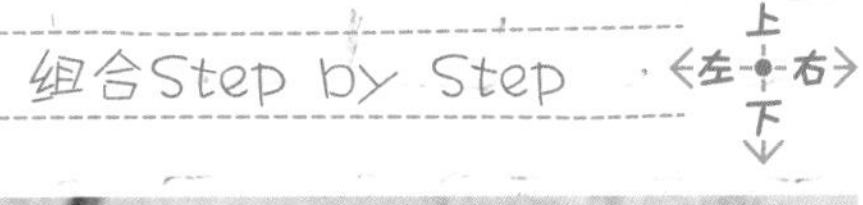

品种推荐

蓝精灵。

材料与工具

1.马口铁盒。除了瓷盆和木盒，婚礼上常见的马口铁盒也能用来种植多肉植物。

2.小桶和水苔。刚买回来的水苔都是干燥的，可放入有水的小桶中泡一会儿，在使用时要挤掉多余的水分。

组合Step by Step

选取高品质的干燥水苔，将其用水浸泡在小桶里。

捞出泡软的水苔，然后用手挤去多余的水分。

将微湿的水苔装入方形铁盒，然后借助锥形打孔器戳个小洞。

将长势较好的“蓝精灵”植入水苔中，如果不好固定，可再取一些水苔来塞紧根部。

准备一个比方形铁盒稍大的透明塑料盒。

最后用白色蕾丝花边来进行包装，漂亮的伴手礼就完成了。

需要注意那些事

1. 不同于简单的多肉盆栽，马口铁盒中的多肉由于包装的原因而大多处于密闭的环境中，所以拿回家后应立即给其“松绑”，然后放到有散射光的通风处养护。

2. 马口铁盒没有底孔，为使多肉根部透气，可在盒子底部多戳几个小孔，水苔可改换成泥炭土和颗粒土的混合物，这样更有利于多肉植物健康生长。

“肉肉”小课堂Q&A

Q 养多肉植物，到底应该用大盆还是小盆比较好呢？

A 如果想让植株爆盆或群生，甚至需要用来当做母本，那就要选择比植物幅径大个两三圈的大盆，同时要注意合理配土及控水；如果希望植株的叶片长得比较紧密，外形小巧招人喜爱，那就选择和植株幅径大小差不多的小盆。

田园喜事之铁罐养“肉”计划

清新怡人的碎花铁盒包裹上轻柔的白纱，让人望去就仿若置身在微暖的迷雾森林，仙境丛生，如梦似幻。里面再装上象征美好生命的多肉植物，真是优雅别致又充满生机，也给整个婚礼增添了极其浪漫的色彩。

品种推荐

砂糖。

材料与工具

1.马口铁罐。圆柱形的铁罐比较深，适合种植根系较发达的多肉。

2.小桶和水苔。先把水苔放入装满水的小桶中泡开，然后捞出备用，注意要挤去多余的水分。

多肉组合Step by Step

可在互联网上购买一些高品质的水苔，将它用水泡在小桶里。

待水苔泡软后可将其取出，然后用手挤去多余的水分。

将微湿的水苔装入圆柱形铁盒里，一边装一边用手压实。

借助锥形打孔器在水苔上打一个手指般粗细的洞。

将长成老桩的多肉植物定植在水苔里，然后把根部周围塞紧。

最后用白色网纱和粉色丝带来进行包装即可。

需要注意那些事

1.作为伴手礼的铁罐一拿回家就要掀开盖子，然后放在通风处养护，以免多肉植物被闷坏。另外，铁罐没有排水孔，有条件的话可在底部多钻几个小孔，或者只浇很少量的水。

2.由于铁盒不太隔热，夏季高温天气会对多肉植物造成伤害，所以要放进室内降温。另外，可以改种“姬玉露”或者“佛珠”，这两种多肉都喜欢散射光，不能接受阳光直射。姬玉露是小型群生品种，虽然生长缓慢，但爆盆后会显得特别漂亮。

“肉肉”小课堂Q&A

Q 网购的多肉植物才上盆几天，下面的叶子就都干枯了，这是怎么了？

A 不要担心，老叶因自我消耗而枯萎，这表示你的多肉植物已经开始服盆了，通常叶片只要不出现变软后透明或者发黑的状况，就说明多肉植物已经适应了新的生长环境。另外，也可以通过叶心是否变绿来判断多肉植物是否已经服盆。

永生花盒，许一段永不凋谢的爱

多肉植物，是植物也是艺术和生活，它正在你的身边引发一股潮流。喜爱绿植的新人们纷纷选用永生玻璃盒与之搭配做成伴手礼，仿佛是在向所有世人宣誓：我们的爱，就像有着顽强生命力的多肉植物一样，永不凋谢！

品种推荐

纸风车。

材料与工具

1.玻璃花盒。用透明的玻璃容器栽种多肉植物能凸显出晶莹剔透的美感。

2.水苔。将干燥的水苔处理成微湿状态备用。

1

选取高品质的水苔，用水浸泡后挤去多余的水分，保持微湿状态备用。

2

准备一个带盖子的透明玻璃花盒，可在互联网上购买。

将准备好的水苔装入玻璃花盒中，再植入莲座状的多肉。

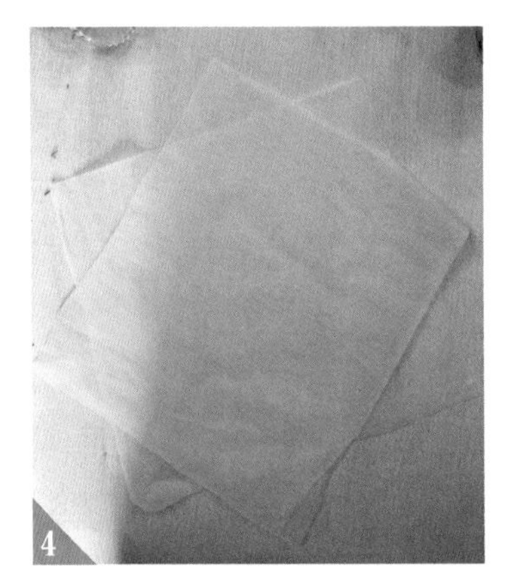

准备两张方形的白色雪梨纸，上下叠放且四角不用对齐。

用雪梨纸将整个玻璃花盒包裹起来，并用蓝色丝带固定。

需要注意那些事

1.作为伴手礼的玻璃花盒一般是包装好的，拿回家之后首先要拆掉外包装并打开玻璃盖，如果里面放的恰好是百合科十二卷属的玉露类多肉植物植物，则可以闷养一段时间。其中的原理是水分蒸发后会留在透明罩内，提高空气湿度，从而营造出温室大棚的效果。

2.多肉植物生长不需要太多的水分，平时一定要注意控制好水分，干了也不要浇太多水，只湿透表面即可。如果盆底有积水，根系就会腐烂。所以用玻璃器皿栽种多肉植物只有一个原则：水分宁缺毋滥。

“肉肉”小课堂Q&A

Q 怎样才能把多肉植物养成老桩呢?

A 培育老桩首先要有耐心，等待叶片自然新老更替；其次要有充足的光照和干燥的生长环境；最后成桩速度与叶片厚度有关。多肉植物因品种不同，培育老桩的速度差别很大，较快成桩的是景天科石莲花属的多肉植物，一般两年就会初见成效，而薄叶片的多肉植物如“观音莲”成桩速度就很慢。

Chapter 6 多肉花儿处处开：花儿比叶儿更惊艳

会开花的“肉肉”格外惹人爱

多肉植物向来以奇特的形状和颜色各异的叶子而深受人们喜爱，殊不知，多肉植物也会开出漂亮的花儿，有的甚至比叶片更让人感到惊艳。一般来说，多肉植物要长至植株成熟后才会开花，花朵会开在抽生出来的花茎上，绝大部分花期都在春季。可是，也有些多肉植物是不宜开花的，宜或不宜因种类而异。

瓦松属多肉植物开花后即全株死亡

瓦松属的多肉植物比较特殊，开花后基本上全株都会死亡，如“子持莲华”“凤凰”“富士”等。若要防止这类多肉植物开花后死亡，可以对它进行“砍头”处理，将花苞剪掉。

除了瓦松属多肉植物，还有青锁龙属的“阿尔巴”“月晕”和“月光”等，石莲属的“因地卡”“德钦石莲”等开花后也会整株死亡。

莲花掌属和长生草属多肉植物开花后并不会萎凋

由于多肉植物自身的新陈代谢非常缓慢，从叶片夹缝里出现花箭一直到开完干枯大概需要3～4个月时间，以致植株消耗了太多养分，所以很多“肉”友在发现莲花掌属的多肉植物抽出花箭后会及时将它剪去，但如果母体养分足够，被修剪的部位会长出更多花箭，所以也可以等花箭枯萎后再剪去。只是莲花掌属多肉植物开花后，开花株会死掉，而其他枝条不会死。长生草属多肉植物也是如此。

拟石莲花属、番杏科、厚叶草属开花最惊艳

拟石莲花属、番杏科、厚叶草属这些品种的多肉植物则完全不用担心其开花，它们的花大多为黄色，也有红色和橘色，非常艳丽。以黑王子为例，它开花时花茎会伸得很长，并开出大片红色花朵。番杏科的植物不开花时好像一盆野草，一旦开花就十分惊艳，比如“照波”。厚叶草属的多肉植物花朵与石莲花属的差不多，不过花朵形状要更萌一些。这三类多肉植物开花后不会死亡，精心照料后仍可以长得很好。

多肉植物开花小贴士

1.有些多肉植物长出了花箭，但是还没开花或者只开了一半就枯萎了，那就说明养分不够。

2.多肉植物开花不仅需要养分，还需要光照充足。如果日照不足，再加上持续供水，就会造成植株徒长甚至腐烂，就算开了花，植株状态也会变差，形态会越来越不美观。

3.若担心多肉植物开花后走样，可以用剪刀从贴近花茎下方的位置将其剪掉，剩下的花茎不要马上处理，它会慢慢地脱落，如果急着拔掉，反而可能弄伤多肉植物。

4.剪下的长花茎可以像鲜花一样插在瓶子里，最少能放2~3个月甚至更久。瓶子里千万不要灌水，否则容易发霉。

5.健壮的花箭去掉花朵后是可以进行扦插的，并且能从花箭上长出新芽，比如“黑王子”，但绝大部分花箭都是不能扦插成功的。不过花箭上的叶片大多是可以进行叶插的，而且成功率很高，比如拟石莲花属的多肉植物。

6.多肉植物开花后，可以将同种属的花朵放在一起，进行自然授粉或者人工授粉，说不定可以产生新的品种。景天科多肉之间的杂交比较容易，只需要用勾线笔来回刷刷花心即可。

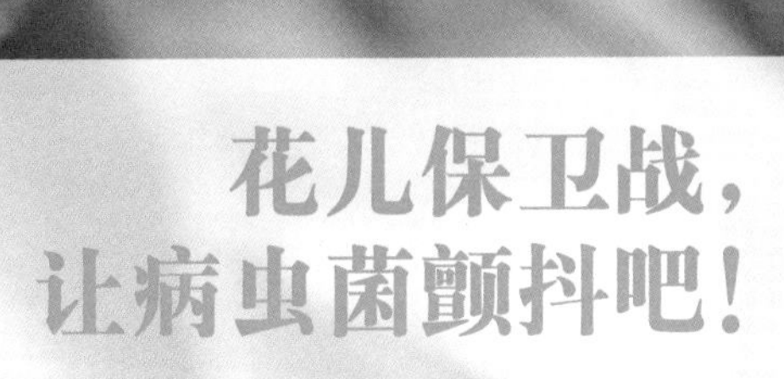

花儿保卫战，让病虫菌颤抖吧！

多肉植物开花虽令人惊艳，但也可能带来后患，因为花箭顶端的花朵里常会有蜜，能吸引昆虫来进行授粉，所以这时最容易引发病虫害。不过只要按照以下方法小心防治，多肉植物们定能长得既健康又美丽。

介壳虫

仙人掌科、大戟科、百合科和番杏科的多肉植物上最常见到介壳虫的身影。这种呈白色长卵形的小虫子通常在春季开始活动且繁殖快速，喜欢藏在叶心处吸取植株的汁液，不但会让其生长不良，还会出现叶片泛黄、提早落叶等现象，甚至会使植株枯萎而亡。

·防治方法·

介壳虫量少时可立即用竹签或牙刷剔除，再用水冲洗病株后种植到新的盆土中；或用75%的高浓度酒精反复擦拭病株，以杀死幼虫；还可以用白酒以1：2的比例兑水，每隔半个月左右浇透盆土1次，连续4次见效。量多时则需要使用专杀药物，如护花神，可以500倍稀释，每周喷洒茎叶1次，2～3次即可根除。

蚜虫

景天科、菊科和仙人掌科的木麒麟类多肉植物比较容易患上这种虫害。春天是蚜虫的多发期，它们会群栖在新芽上，以针状口刺入植物组织内吸取养分，幼叶往往因此卷曲成筒。虫害严重时也会导致植株枯萎甚至死亡。

·防治方法·

蚜虫量少时可以和介壳虫一样进行人工捉除。量多时可用500毫升水勾兑一瓶护花神农药，然后均匀喷洒在多肉植株上，同时对土进行消毒处理或直接换土。

红蜘蛛

这种虫害多发生在仙人掌科、番杏科、大戟科和百合科的多肉植物上。连续高温的时候是红蜘蛛的高发期，它们常成群集聚，啃食茎叶表皮组织，使被害叶出现黄褐色斑痕甚至枯黄脱落。

· 防治方法 ·

发现虫害时可用40%三氯杀螨醇1000～1500倍液喷杀，但红蜘蛛易生抗药性，久用一种药品会使效力减退，所以“肉”友们也可以用蚊香密封烟薰，每次30～60分钟。此外，还可以用自制辣椒水来预防这种虫害，即打碎生辣椒、大蒜，再加水混合，然后均匀地喷洒在植株上。

粉虱

这种虫害多发生在大戟科的彩云阁、虎刺梅、玉麒麟和帝锦等灌木状的多肉植物上，它们多寄生在植株幼嫩的茎叶上吸食液汁，造成叶片发黄脱落甚至留下难看的黑粉，同时易诱发煤污病。

· 防治方法 ·

发现虫害应及时用40%的氧化乐果乳油1000～2000倍液喷杀，还可用马拉松500倍液喷杀，喷药2天后再用强力水流将死虫连同黑粉一起冲刷掉。

炭疽病

比起虫害，病害的破坏性来得更大，而且一旦患病植株就会很快腐烂，甚至来不及抢救，比如炭疽病。通常于种植过密、通风不良或受伤的伤口处发生，茎节上或叶片边缘处会出现水渍状的褐色斑点，然后渐渐扩大。

·防治方法·

购买时应仔细检查植株，看是否患有此病。植物发病时，一定要将病株剪除并烧毁，切除完后的植株伤口要及时用多菌灵消毒并晾干，再使用炭疽福美等专用药剂。另外，对于生病植株使用的盆土和花盆也要彻底消毒杀菌。

锈病

如果叶片上出现像生锈一样的斑点，这就是锈病，多因栽培管理不当，如盆土过于贫瘠或长期通风欠佳、植株顶部直接淋水所致。发病初期茎部表皮会有肿状小点，中央呈黄色或赤褐色，严重时会形成溃疡甚至导致植株死亡。

·防治方法·

发病时除了要加强通风以及避免植株顶部淋水外，还可使用12.5%烯唑醇可湿性粉剂2000～3000倍液或铵乃浦1500～2000倍稀释液，每周喷洒 1 次。

“吉娃娃”，点亮世界的一抹莲香

“吉娃娃”不仅是一种宠物狗的名称，它还可以用来称呼一种景天科拟石莲花属多肉植物，这种植物又名吉娃莲，因其好养且貌美而被誉为多肉“普货”中的“战斗机”，最令人意想不到的是，其开花的模样同样艳惊四座。

日常养护那些事

花期

和大多数拟石莲花属多肉植物一样，“吉娃娃”会在春季开花，先抽出高高的花梗和穗状花序，然后开出倒钟形小花，花瓣呈红黄色。

日照

“吉娃娃”不耐阴，春秋两季只有在充足的光照下，才能长得像合拢的莲花，且叶色较蓝，叶缘有红晕。夏季30℃以上，应将“吉娃娃”放置于无直射光的通风处进行养护，待秋老虎过去后，再给予全光照。

土壤

种植“吉娃娃”需要选择疏松透气且排水性良好的土壤，一般可用泥炭、蛭石和珍珠岩的混合土，并添加适量的骨粉；也可以用腐叶土3份、河沙3份、园土1份、炉渣1份来混合配制。

浇水

“吉娃娃”比较耐旱，所以不宜浇太多水，生长旺季可遵循“见干见湿”的浇水原则，夏季则应选择晚上较为凉爽的时候少量给水。浇水时注意避免叶心积水，否则容易晒伤，甚至腐烂。如果出现叶片透明且有化水征兆的情况，要立即停止浇水。

· 施肥 ·

“吉娃娃”属于缓长型多肉，如果施肥过多，会适得其反，平时在盆土中放点腐殖质就好。

· 繁殖 ·

繁殖“吉娃娃”使用叶插的方法比较好，即在早春时节取下成年植株中长势健康的叶子，然后放在微湿的土壤上等待生根。摘取叶子时要注意手法，捏住叶尖再轻轻旋转扭下，这样就不会破坏生长点。

花期成长Step by Step

1

随着春日气温的节节攀升，“吉娃娃”肥厚的叶片旁长出了小小的花序。

2

右边的穗状花序刚探出头来，左边就长出了另一个花序。

3

花序渐渐长大，变成了小小的花箭。

4

不过一两个星期，又有花箭争先恐后地冒了出来。

5

花箭越来越长，顶端终于开出了美丽的花儿。

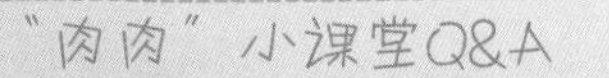

Q 去年买了一棵"吉娃娃"，长得很快，也给它换过盆，但为什么外部老叶片总是像摊大饼一样摊开？

A "吉娃娃"不像一般多肉植物那样会徒长，但是水浇多了，就会变成摊大饼的模样，所以要等土壤彻底干透了再浇水。另外，在全日照、全通风的环境下生长，株形才能变得漂亮。

琉维草，如童话爱情般的圣洁之花

琉维草，别名露薇花，是马齿苋科露薇花属多肉植物，许多爱花人士在见过它的“花样身姿”后都被深深吸引，那淡雅婉约、清新迷人的模样，就像童话般的爱情给人留下难以磨灭的印象。

日常养护那些事

·花期·

琉维草的花期在每年的早春至夏季，若养护得当，秋天能再次开花。花朵颜色丰富，呈开展状生长，花瓣上有红脉、红晕或红色条纹。

·日照·

琉维草喜光照，尤其是在花期，需要吸收阳光来促使花朵绽放，所以平时应放置在全日照的环境下养护，但是夏季高温天气要注意避免强光直射。

·土壤·

适合种植在排水良好、疏松透气且带砾石的土壤里，如粗粒的泥炭与河沙的混合土壤。

·浇水·

琉维草属于观花型多肉植物，平时浇水不需要太勤奋，做到见干见湿就好。夏季要注意控水，保持盆土干燥，以免烂根。如果浇水不当，会出现掉叶子的现象，但不会影响植株的生长。

·施肥·

由于琉维草开花次数较多，所以需要的养分也多，从5月开始琉维草生长速度加快，需每半个月施1次稀薄的氮肥。待琉维草长出花苞后，施肥要以磷肥为主，半个月1次。此外，一定不要过量施肥，否则会出现只长叶子、较少开花的状况。

· 防冻 ·

琉维草特别不耐寒，冬季气温降低后要及时移到室内向阳处养护。如果室内温度较低，可以在花盆上套个塑料袋，能起到很好的保温作用，但要记得定时打开塑料袋让植株透气。

· 修剪 ·

琉维草有着莲状的花叶，从叶片中间会抽出许多花茎。花谢后要及时将这些花茎剪掉，并剪去生长过密的枝叶，以增加植株的透光性，这样来年才能再次开花。

花期成长Step by Step

6月的清晨，琉维草的叶心处长出了嫩绿的花芽。

小小的花芽渐渐探出头来，隐隐可见红色的花苞。

在暖阳的照耀下，绿色的花梗也纷纷抽了出来。

红色的花苞越长越大，也越来越多，第一朵花儿眼看就要绽放。

美丽的鲜花竞相开放，那灿烂的风姿让人惊叹。

"肉肉"小课堂Q&A

Q 琉维草开花后收了一些种子，能用种子直接繁殖吗？

A 琉维草的种子是可以不需要预处理直接播种的，一般选择深秋或冬季气温在10～20℃时播种，或者撒在潮湿的珍珠岩里，放冰箱里冷藏2周，然后放置在10～20℃的避光环境下进行催芽，最后将发了芽的种子移植到排水良好的介质中即可。

白凤菊，万紫千红总是诗

白凤菊又名姬鹿角，是番杏科覆盆花属多肉植物，原本生长于南非及美国沿海地区，因其叶形可爱、奇特而讨人喜欢，盆栽适合摆放在阳台、书桌或案几上，开出的花儿与玫瑰、月季相比也毫不逊色。

日常养护那些事

· 花期 ·

每年春末夏初时开花，花顶生头状花序，花瓣和花丝皆呈淡紫色，花药则呈黄色。

· 日照 ·

白凤菊最喜欢阳光充足且温暖干燥的生长环境，除了夏季需要适当遮阴，其余季节均可放心露养。如果光照不足，植株整个会伏倒，茎秆变得很脆弱，上下两对叶片也会排列不紧凑。

· 土壤 ·

配土应选择疏松且排水良好的沙质土壤，如泥炭、蛭石和珍珠岩的混合土。

· 浇水 ·

生长季节浇水要遵循“干透浇透”的原则，夏季休眠期则尽量少给点水，水大会导致烂根。有一点值得注意的是，长期缺水的情况下，白凤菊的下部叶片容易干枯，显得不美观。所以平时要注意观察，植株饱满就不需要补水，发现对叶有点变软起皱就需要补水。

· 施肥 ·

白凤菊对肥料要求不高，生长旺季可每月施1次多肉植物专用的缓释肥，并遵循少量多次的原则，休眠期则要停止施肥。

· 繁殖 ·

繁殖白凤菊用枝插的方法更容易成功，即剪下生长健壮的枝条，放在阴凉的通风处晾至伤口愈合，然后插于微湿的土壤中即可。

花期成长Step by Step

1

2

3

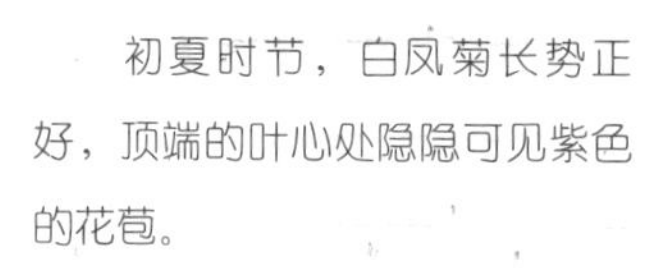

初夏时节，白凤菊长势正好，顶端的叶心处隐隐可见紫色的花苞。

沐浴在暖阳下，花苞越来越多，不久竟开出了第一朵紫色的小花。

仿佛施了神奇的魔法般，阳台上的花儿竞相开放，变成了一片花的海洋。

“肉肉”小课堂Q&A

Q 白凤菊的茎秆变得木质化了，该怎么办？

A 对于种植超过一年以上的多肉植物来说，木质化绝对是件好事情，说明要开始变成老桩了。如果不喜欢，可以直接砍头处理，然后将枝条进行扦插繁殖。白凤菊的生长速度很快，若养护得当，半年后就会爆盆。

“神童”，传递幸福的新娘花束

作为景天科青锁龙属多肉植物，“神童”的花是最值得广大“肉迷”期待的。春风拂面的季节，那一簇簇粉红的花朵在温暖的阳光下肆意开放，或浓艳，或生动，让每个见到它的人都莫名心动，难怪会得到“新娘捧花”的美名。

日常养护那些事

花期

每当春季来临，神童就会开花，粉色的花朵大片大片簇拥在顶端，显得煞是美丽。但是其开花期间会散发异味，容易吸引一些害虫，如蚜虫、介壳虫，所以要做好预防工作。

日照

神童喜欢阳光充足、温暖干燥的环境，日照充分的情况下，不仅叶片非常紧凑，呈宝塔状，还有利于提前开花。日照过少则会严重徒长，叶片与枝秆间距拉大，显得非常难看。所以，除了夏季高温时要避免烈日暴晒外，其他季节均可接受全日照。

土壤

盆土一定要选择透气性和排水性都比较好的介质，可用泥炭、珍珠岩与煤渣以1∶1∶1的比例混合配制。

浇水

生长期给植株浇水要遵循“见干见湿，浇则浇透”的原则。夏季高温天要注意控水，可以少量地沿盆边给水，一般每个月浇3～4次即可，这样根系就不会因为太干燥而枯死。此外，神童不耐寒，在冬季会进入休眠期，要控制或停止浇水，并放到室内养护。

繁殖

繁殖神童比较容易，主要以扦插为主，剪掉粗壮的枝条直接插入土中即可生根。

花期成长Step by Step

1 万物复苏的季节，“神童”的叶心渐渐有了变化，开始孕育幼嫩的花芽。

2 在阳光的沐浴下，幼嫩的花芽渐渐长大，满眼皆是密集的粉色花苞。

3 无数粉色的花朵次第绽放，美得就像幸福新娘手中的捧花。

"肉肉"小课堂Q&A

Q "神童"开花后引来了蚜虫，该怎么处理呢？

A 可以切点肥皂放入清水中，待起泡后，用软毛刷蘸点皂水涂抹枝叶，就能轻松消灭蚜虫。这招对驱赶介壳虫和红蜘蛛同样有效，但要记住不能刷太多肥皂水，否则会将多肉的叶子泡烂。

五十铃玉，繁花渐欲迷人眼

五十铃玉是番杏科窗玉属多肉植物，因棒状叶形态奇特、珠圆玉润且富有光泽而又被称为“婴儿脚趾”，作为室内盆栽的珍奇品种之一，人们常常将它摆放于窗台、书桌、案头或者博古架上，显得十分典雅可爱。

日常养护那些事

· 花期 ·

五十铃玉的花期为8～12月，花朵较大，呈金黄色或橙黄色，花柄细长。由于花色明亮鲜艳，故成为颇受“肉迷”追捧的珍奇花卉。

· 日照 ·

五十铃玉的生长季节为春、秋、冬三季，喜充足的光照，适合放在朝南的阳台上养护，以保证每天有3～4小时的光照时间，但夏季高温天要避免阳光暴晒，这样植株在健康生长的同时能避免叶片被灼伤。健康的五十铃玉叶片紧凑、丰满，颜色翠绿。

· 土壤 ·

盆土宜选用疏松、排水性良好、颗粒偏多的沙壤土，可用泥炭、蛭石、珍珠岩混合而成。

· 浇水 ·

五十铃玉上盆后可以采用浸盆法浇水，即将盆底浸入水中，水位不要高过花盆的2/3，大约15秒即可。用此法浇水1个月不得超过1次。冬季气温在15℃以下时要注意控水，最好等土壤较干时再浇水。

· 施肥 ·

施肥要结合浇水进行，可将颗粒肥融化在水中，或者掺入液肥直接浇灌，注意薄肥勤施，一年施肥5～6次即可。

· 繁殖 ·

五十铃玉多采用播种法繁殖，可于春季4～5月播种，因种子细小，一般采用室内盆播，播种后不必覆盖泥土，否则不能发芽，盆土干时应采取浸盆法浇水，切勿直接浇水，以免冲失种子。若温度适宜，半个月即可长出黄豆大小的幼苗。

花期成长Step by Step

1 秋日晴朗的一天，五十铃玉圆润的叶片旁长出了个头小小的花芽。

2 在精心的养护下，花芽渐渐长大，露出了可爱的红色花苞。

3 花苞悄然绽放，那橙红的花朵就像金灿灿的太阳一样夺目。

"肉肉"小课堂Q&A

Q 五十铃玉的棒状叶面上出现了爆裂的现象，这是怎么回事？

A 这是由于浇水不当所导致的。五十铃玉是比较"矫情"的，如果水浇少了，叶面会萎蔫且出现褶皱，发现后要及时补水；但如果水浇多了，除易腐烂外，还会出现叶片爆裂的现象，这时应注意伤口不要碰到水，等伤口晾干了才能再给水。

星兜，刺座绿洲上的盛景

仙人掌科的多肉植物乍看并不起眼，一旦开花却万分夺目，其中尤以星兜为首。它小巧玲珑、娇态可掬，用来装点家居环境再适合不过，哪怕你平日压力超载，在看见到它朝气满满的模样时，也立马就能恢复愉悦的心情。

日常养护那些事

· 花期 ·

星兜的花期很长，能从5月陆续开到9月，花着生于球体顶部，呈漏斗形，花瓣和花蕊为黄色，花心为红色，直径可达3～4厘米。

· 日照 ·

虽然星兜喜欢阳光充足且干燥的生长环境，但盛夏仍需做好防晒工作，不可以长时间暴晒。当冬季气温低于7℃时，则要将星兜移至室内向阳处养护。

· 土壤 ·

星兜不喜欢纯颗粒植料，可用泥炭土、小颗粒珍珠岩和赤玉、兰石、轻石等较大颗粒的植料混合而成。

· 浇水 ·

星兜比较耐旱，所以浇水要遵循“少浇浇透”的原则，在植株生长期要充分浇水，同时注意避免盆内积水。冬季则保持盆土干燥即可，待回温后再慢慢恢复正常给水。

· 繁殖 ·

最常采用播种法来繁殖，可于春季来临时在室内进行盆播，一般3～5天后就会发芽，从播种到开花大约需要3～4年的时间。如果想在星兜开花后采收种子，需要用两个没有亲缘关系的星兜来进行授粉。

· 病害 ·

星兜比较容易发生赤腐病，但这不是由细菌引起的，病因在于养护不当。倘若冬季低温、日照不足再加上浇水过多，那必然会引发赤腐病。星兜对于一般的细菌所引起的病抵御力都比较强，所以平时没有使用杀菌剂的必要。

花期成长Step by Step

1

初夏时节，扁圆的绿色球体上长出了毛茸茸的花苞。

2

微风吹拂而过，花苞缓缓地绽开，露出了黄色的花瓣。

3

星兜的花儿已然怒放，那动人的模样引人惊叹。

"肉肉"小课堂Q&A

Q 用播种法繁殖的星兜得养护好几年才能开花，那有没有别的方法能使它早点开花呢？

A 可以改用嫁接的方法来繁殖星兜，可在5~6月的时候进行，选用量天尺或花盛球做砧木，接穗用播种苗，一般嫁接后第二年即可开花。

蛛丝卷绢，守望风中摇曳的花姿

蛛丝卷绢是景天科长生草属多肉植物，因其外形独特而备受青睐，它嫩绿的叶片排列成周正的莲座状，盘在叶尖的白色轻丝犹如蛛网，伸出的侧芽又似小巧的铃铛般可爱，就连一生只绽放一次的花儿都美得让人难以忘怀！

日常养护那些事

· 花期 ·

当夏季来临，蛛丝卷绢的植株中心开始向上生长的时候，往往就是它要开花的前兆。蛛丝卷绢的花非常艳丽，花瓣通常呈粉红色，作为长生草属，一旦开花，就意味着母株即将死亡，但蛛丝卷绢侧芽多，容易群生，所以可留下侧芽继续生长。

· 日照 ·

蛛丝卷绢喜阳光充足且冷凉的生长环境，春秋两季可接受全日照。夏季为休眠期，应适度遮阴，并加强通风。阳光充足且温差大的环境下，叶片背面会变红或变紫。

· 土壤 ·

种植蛛丝卷绢的盆土要具有良好的排水性，所以应选用泥炭、珍珠岩和煤渣的混合土，这三者的比例大约为1∶1∶1。为了达到透气的效果，同时防止植株和土壤表层接触，还可以在上面铺上一层不超过5毫米的河沙颗粒。

· 浇水 ·

蛛丝卷绢非常耐旱，一般情况下须待盆土干透才浇透，不干则不浇水。夏季浇水频率为每月3～4次，可在盆边少量给水，这样植株就不会因过度干燥而死；高温35℃以上应停止浇水，否则极易腐烂。冬季气温低于3℃时要逐渐断水，并保持盆土干燥，这样才能顺利过冬。

· 施肥 ·

每月可施肥1次，选用稀释的饼肥或多肉植物专用有机肥。施肥时要薄肥勤施，注意不要过量，否则会让叶片徒长甚至植株老化。

· 繁殖 ·

繁殖方法有播种、分株和扦插三种，一般采用最简单的分株法，即在生长旺季利用鱼线或细薄的利刃取下小侧芽，扦插在微湿的土壤里，然后放到阴凉通风处等待发根即可。

· 病害 ·

以黑腐病为主，多见于夏季，症状是从根部、底部叶片或叶心处变黑、变软甚至腐烂，一般是由于过度湿热、通风条件不佳或介壳虫所导致。若根部或底部叶片出现发黑状况，可及时将其挖出，清理掉腐烂的根须和叶片，必要时可砍掉腐烂的茎部，然后放在干燥的土上重新生根。如果是叶心处腐烂，就没有挽救的机会了。发生黑腐后，应尽快将病株挖出或隔离，以避免细菌传染。

花期成长Step by Step

1 植株中心的白色蛛丝越来越多，并开始向上凸起。

2 已有绿色的枝条从中间抽出，里面还孕育着花蕾。

3 莲座中间抽出的枝条渐渐长高，长势也越来越好。

4 枝条顶上的叶心已然剥开，露出了集群式的漂亮花蕾。

5 粉色的花朵绽放开来，在阳光的照耀下显得美极了。

“肉肉”小课堂Q&A

Q 为什么蛛丝卷绢的植株上会长有“蜘蛛网”呢?

A 蛛丝卷绢又叫蛛网长生草，那些白色的“蜘蛛网”其实是从叶子上分泌出来的，相当于植物天然的保护层。平时浇水的时候应尽量浇在土里，避免直接淋到植株上，否则那些“蛛丝”沾到水可是会脱落的。

美丽莲，赏心悦目的红色奇观

美丽莲，作为景天科风车草属多年生肉质植物，因其花儿而得名，其叶片呈莲座状排列，颜色呈灰绿或灰褐色，虽然乍看并不起眼，但开花后却像灰姑娘变身般，极其耀眼夺目。

日常养护那些事

· 花期 ·

美丽莲的花期为每年5～6月，其莲座叶盘通常能抽生出2～3个高伞型花序，花序上分生着钟形粉红色花朵，花开呈星状，开花后可持续观赏半个月以上。

· 日照 ·

美丽莲喜阳光充足的生长环境，除夏季外均可接受全日照，若光照不足，很容易造成植株整体稀松疏散，甚至很难开花。夏季温度过高时应注意遮阴、通风，冬季可耐0℃左右的低温。

· 土壤 ·

盆土宜选用含有适量石灰质且透气排水性良好的沙质土壤，如泥炭、珍珠岩，可按3：2的比例来配制。

· 浇水 ·

美丽莲比较耐旱，却不耐潮湿，所以日常浇水要遵循“干透浇透”的原则。冬季要注意控水，并保持盆土干燥。

· 施肥 ·

春秋两季是美丽莲植株生长的旺盛期，需每20～30天施1次腐熟的有机液肥或低氮高磷钾的复合肥。

·繁殖·

美丽莲多采用扦插的繁殖方法，即选取健壮饱满的肉质叶平放在沙土中，保持盆土微湿，待基部的伤口处长出较大的新芽，然后取下单独栽种，即可成为新植株。

·修剪·

花谢后应及时剪除花茎，以免消耗太多养分，导致植株生长不均衡，同时还能保持叶片的美感。

·病害·

由于叶片长得比较紧密，所以美丽莲容易引来大片介壳虫，值得庆幸的是，美丽莲的抗药性很强，只要用蚧必治喷一喷就好了。

花期成长Step by Step

1 美丽莲的叶心旁长出了小小的花序。

2 花序渐渐抽出，嫩绿的花芽赫然显现。

3 又有新的花芽接二连三地抽生出来。

4 花芽缓缓绽开，露出了玫红色的花瓣。

5 五瓣花儿终于盛开，顿时倾倒众生。

"肉肉"小课堂Q&A

Q 美丽莲养了好久也没开花，该怎么做才能促使它开花呢？

A 有些花卉需要低温条件，才能促进花芽形成和花器发育，这一过程叫做春化阶段，花卉通过这种低温刺激和处理过程则叫做春化作用。所以花期前需将美丽莲放在10℃左右的环境下生长一个月，然后就会比较容易开花。

“白牡丹”，独有芳华立枝头

作为入门级多肉植物品种，“白牡丹”以叶子如同牡丹花般绽放而深受肉友们喜爱，殊不知其开出的花儿比叶更惊艳。每到春天来临，那一朵朵金色的五瓣花迎风招展，仿佛亭亭的舞女的裙。

日常养护那些事

花期

“白牡丹”的花呈黄色花铃状，花瓣上有红色细点。若土壤养分足够，可在每年春季开花。

日照

春秋两季为生长期，需要充足的阳光。光照越充足、昼夜温差越大，则叶片色彩越鲜艳。若光照不足会徒长，造成叶片稀疏且间距伸长，严重时可能因植株的光合作用受阻而死亡。夏季高温时可适当遮光，以防烈日暴晒，并注意通风。冬季应放于室内向阳处养护。

土壤

宜用腐叶土、沙土和园土各1/3配制透气性良好的沙质土壤，以便于多余水分的排出。

浇水

“白牡丹”在过度潮湿的环境下很容易腐烂，所以切忌浇水过多，10天左右一次，每次浇透即可。夏冬两季气温高于35℃或低于5℃时植株停止生长，此时应减少或停止浇水，待气温适宜时再恢复浇水频率。

· 施肥 ·

一般在生长季每20天左右施1次以磷钾为主的薄肥。不宜施过多氮肥，否则会造成植株徒长、叶色不红。

· 修剪 ·

当植株长得过高时可剪去顶部枝叶，以维持株形的优美。此外，若有干枯的老叶，需及时摘除，以免堆积导致细菌滋生。

· 繁殖 ·

“白牡丹”适合用叶插的方法来繁殖，修剪时取下的叶子可在晾干伤口后插入沙质微潮的盆土中生根，成为新的植株。

花期成长Step by Step

春季来临，每天让“白牡丹”沐浴充足的阳光。

几周后，顶端叶片旁抽出了小小的花芽。

花芽渐渐长大，露出了红色的花苞。

花苞越来越多，仿佛一串漂亮的花箭。

金色的五瓣花绽放开来，显得格外娇艳。

"肉肉"小课堂Q&A

Q 我养的"白牡丹"本来长得很好，没想到前几天淋了雨，叶片竟然毫无征兆地化水了，该怎么预防？

A 在季节交替的日子里，昼夜温差较大，此时淋雨叶片就容易透明水化。通常整株的叶片都会垮掉，部分不化水的叶片前端也会发黑，不能叶插。所以应避免植株淋雨，同时小心浇水。

“玉翡翠”，三月孤芳不自赏

提到玉翡翠，可能有些初级“肉友”对它并不熟悉，这是一种鳞芹属块根型多肉植物，叶片呈长梭形且容易枯尖，色泽又和“玉露”一样饱满、水灵，远远望去，犹如翡翠一般晶莹剔透、惹人怜爱，因而成为时下养“肉”一族的新宠。

日常养护那些事

· 花期 ·

一般在春季开花，花朵呈微黄色。“玉翡翠”能够自花授粉，待种子成熟后可采收下来用做繁殖。

· 日照 ·

“玉翡翠”喜光，每年10月至翌年5月为生长旺季，应给予充足的光照，若光照不足会使叶片细弱。生长健壮的植株则叶片低矮粗壮，叶表呈半透明状，具有较高的观赏性。夏季为休眠期，建议搭上遮阳网，避免烈日暴晒。

· 土壤 ·

盆土要求肥沃疏松且具有良好的排水透气性，可用腐叶土或草炭土3份，蛭石或沙土2份来混合配制。

· 浇水 ·

“玉翡翠”喜欢湿润的环境，生长期宜保持土壤湿润而不积水，否则会造成根茎腐烂。若长期干旱缺水，植株虽然不会死亡，但生长停滞，叶片发黄，甚至会全部枯萎。

· 施肥 ·

生长旺季可每月施1次腐熟的稀薄液肥或复合肥，就能为植株提供充足的养分。

· 繁殖 ·

“玉翡翠”适合采用播种的方法来繁殖，可在秋季进行，播种后覆盖一层薄土，保持土壤、空气湿润，才会有较高的出苗率。

花期成长Step by Step

1 早春三月，“玉翡翠”的叶心处抽出了棕灰色的花梗和花芽。

2 花梗渐渐展开妖娆的身姿，顶端还簇拥着许多鲜嫩的花苞。

3 花苞绽开，露出了黄灿灿的花瓣与花蕊，顿时惊艳众人。

“肉肉”小课堂Q&A

Q 市面上所售的“玉翡翠”和“佛座箍”长得极其相似，该如何区分呢？

A “佛座箍”是“玉翡翠”的一个亚种，真正的“佛座箍”不会超过两片叶子，而且只有一个花箭，花箭还不高，有5～10厘米。“玉翡翠”通常有1～3个花箭，而且花箭相对较长，最长能达到20厘米。